1º 0401
225
AF876851

COMPENDIO DE LOGICA MATEMATICA

J. M. BOCHEŃSKI

COMPENDIO DE LOGICA MATEMATICA

Traducido por

Rodolfo Fernández González

Profesor del Departamento de Lógica
de la Universidad Complutense

1976

PARANINFO S.A.

MADRID

Colección
Lógica y Teoría de la Ciencia

Traducido por
RODOLFO FERNANDEZ GONZALEZ

© D. Reidel Publishing Company, Dordrecht, Holland

Título original inglés:
A PRECIS OF MATHEMATICAL LOGIC

Reservados los derechos de edición,
reproducción o adaptación

IMPRESO EN ESPAÑA
PRINTED IN SPAIN

Depósito legal: Z. 911-76.

ISBN. 84-283-0748-2.

PARANINFO S.A. Magallanes, 25 - MADRID (15)

Cometa, S. A. — Carretera de Castellón, Km. 3,400 — Zaragoza — 1976

Prefacio a la edición española

Hace treinta años, en el momento en que este libro se redactó, la lógica matemática era una ciencia esotérica. Excepto en unos pocos países, como Estados Unidos y Polonia, no se enseñaba lógica ni en el Instituto de Enseñanza Media ni en la Facultad de Filosofía. Se podía pasar por hombre culto, por filósofo, sin conocer siquiera sus rudimentos.

Pero, como forzosamente había de suceder, los tiempos han cambiado. En efecto, la lógica matemática constituye la base del grupo de disciplinas que recibe el nombre de "cibernética", que hoy día se han convertido en uno de los factores más importantes de la civilización contemporánea. La cibernética se ha revelado como un potente instrumento de análisis en casi todos los campos —y el número de sabios que la utilizan va en aumento—. Por último, la escuela analítica que se suele caracterizar como la escuela del análisis "duro" no ha dejado de avanzar en estos últimos años. Ya no se puede ser un hombre culto, y menos aún un filósofo de nuestra época, sin conocer al menos el ABC de la lógica matemática.

El autor de este manual se alegra de verlo accesible ahora en lengua española, una de las principales lenguas de la humanidad de nuestro tiempo. En verdad, podría preguntarse la razón por la que un manual de hace treinta años todavía puede ser útil. La respuesta consiste probablemente en la comprobación histórica de que la lógica formal había alcanzado, en el momento de su redacción, una de las cimas de su evolución: los resultados obtenidos por la corriente de pensadores que va de Frege a Tarski —resultados que se recogen aquí— pertenecen a las adquisiciones definitivas de esta ciencia. Es cierto que posteriormente se han aportado mejoras, sobre todo en cuanto a la terminología. Así, por citar sólo algunos ejemplos, es más elegante y lógico escribir "$\vee x$" y "$\wedge x$" en vez de "$(\exists x)$" y "(x)", respectivamente. Es probable que la notación hilbertiana ("&", "$\rightarrow$", "$\longleftrightarrow$") sea más intuitiva que la de Peano-Russell ("$\cdot$", "$\supset$", "$\equiv$"). Pero si existe una terminología muy extendida y suficientemente correcta —como sucede en el caso de la de los *Principia Mathematica*— no es necesaria en forma alguna la introducción de nuevos simbolismos. Y respecto a la escritura de Łukasiewicz, sigue siendo la única notación absolutamente rigurosa.

Quisiera expresar un deseo con ocasión de la publicación de la traducción española de este libro. Se trata de un libro técnico, destinado a los técnicos del pensamiento natural y artificial. Su objetivo primario reside en proporcionar una ayuda a la formación de sus conocimientos técnicos. Pero la lógica formal es algo más que una tecnología: es la moral del pensamiento y del discurso. Enseña el ejercicio de la honestidad total, tanto en la expresión como en la justificación. Para los que la han practicado, supone un escudo contra la verborrea, el sinsentido, la falta de responsabilidad en la afirmación de enunciados, contra el irracionalismo. De esta forma, la lógica puede constituirse en un poderoso factor de la formación del carácter humano. Deseo que este libro pueda contribuir, en esta vía, a la educación de la juventud del admirable y gran mundo de expresión española.

J. M. BOCHENSKI

Salzburg, 21 de marzo de 1976.

Indice de materias

Prefacio del traductor a la edición inglesa

El libro que aquí presentamos es una traducción inglesa de la obra que apareció originalmente en francés con el título *Précis de logique mathématique*. En 1954, el Dr. Albert Menne publicó una edición revisada y ampliada en algunos puntos, que vio la luz en alemán con el título *Grundriss der Logistik* (F. Schöningh, Paderborn). En mi traducción he usado ambas ediciones. He seguido, sobre todo, la edición francesa original, puesto que pienso que era de alguna forma preferible mantener la obra lo más corta posible. Sin embargo, he incluido las notas históricas, más amplias, del Dr. Menne, su bibliografía y las dos secciones sobre la lógica modal y las categorías sintácticas (§ 25 y 27), que no estaban en el original. He procurado corregir los errores tipográficos que aparecían en las ediciones originales, y he añadido algunos títulos a la bibliografía.

En el curso de la traducción he gozado del inexpresable beneficio que supone la siempre generosa ayuda del Prof. Bocheński, durante el período en que profesó en la Universidad de Notre Dame (1955-56).

OTTO BIRD

Nota del traductor a la versión castellana

Por expreso deseo del autor, añadimos a la bibliografía del texto original una bibliografía que contiene, en primer lugar, algunas traducciones castellanas de las obras citadas en el texto inglés (I); en segundo lugar, algunas otras obras de temática lógica traducidas al castellano (II); y, por último, obras de algunos autores españoles (III). Por supuesto, no se encontrarán en estos dos últimos apartados todos los títulos que podrían hallar acomodo en ellos, sino sólo aquéllos que por su contenido o enfoque general se aproximen a los temas tratados en la presente obra del Prof. Bocheński, a quien debo agradecer su interés y su amable colaboración.

RODOLFO FERNANDEZ

Madrid, 1976.

I

Principios generales

§ 0. INTRODUCCION

0.1. *Noción e historia.* La lógica matemática, también llamada "logística", "lógica simbólica", el "álgebra de la lógica" y, más recientemente, simplemente "lógica formal", es el conjunto de teorías lógicas elaboradas en el curso del último siglo con la ayuda de una notación artificial y de un método rigurosamente deductivo. Generalmente se considera a Leibniz (1646-1716) como el primer lógico matemático; pero fueron George Boole (1815-1864) y Augustus De Morgan (1806-1878) los que primero presentaron sistemas como los que hoy se conocen. Su obra fue proseguida y completada por C. S. Peirce (1839-1914), Gottlob Frege (1848-1925) y Giuseppe Peano (1858-1932), y, posteriormente, por Alfred North Whitehead y Bertrand Russell en su monumental obra *Principia Mathematica* (1910-1913). Desde entonces han surgido en numerosos países activas escuelas de lógica matemática, especialmente en América, Alemania y Polonia. El progreso ha sido rápido, y todavía continúa.

0.2. *La lógica y la matemática.* A la lógica matemática se le llama "matemática" por su origen, puesto que se desarrolló especialmente con el propósito de examinar los fundamentos de esta ciencia. Existe, además, un cierto parecido externo entre sus fórmulas y las de la matemática. Algunos lógicos sostienen también que la matemática sólo es una parte de la lógica, aunque esta opinión no ha recibido, ni mucho menos, un consenso general. Sin embargo, la lógica matemática no se ocupa de números o cantidades en cuanto tales, sino de objetos cualesquiera.

0.3. *Aplicaciones.* La lógica matemática se ha aplicado con éxito no sólo a la matemática y a sus fundamentos (G. Frege, B. Russell, D. Hilbert, P. Bernays, H. Scholz, R. Carnap, L. Leśniewski, T. Skolem), sino también a la física (R. Carnap, A. Dittrich, B. Russell, C. E. Shannon, A. N. Whitehead, H. Reichenbach, P. Février), a la biología (J. H. Woodger, A. Tarski), a la psicología (F. B. Fitch, C. G. Hempel), al derecho y a la moral (K. Menger, U. Klug, P. Oppenheim), a la economía (J. Neumann, O. Morgenstern), a las cuestiones prácticas (E. C. Berkeley, E. Stamm), e incluso a la metafísica (J. Salamucha, H. Scholz, I. M. Bocheński). Sus aplicaciones a la historia de la lógica han resultado extremadamente provechosas (J. Łukasiewicz, H. Scholz, B. Mates, A. Becker, E. Moody, J. Salamucha, K. Dürr, Z. Jordan, P. Boehner, I. M. Bocheński, S. T. Schayer, D. Ingalls).

En particular, Łukasiewicz, Salamucha, y otros, usando los métodos de la lógica matemática, han mostrado que la modernidad ha comprendido mal el verdadero sentido de numerosos textos de Aristóteles, y de casi toda la lógica de los Estoicos, de los Escolásticos y de los Hindúes. También se han hecho aplicaciones a la teología (F. Drewnoswki, J. Salamucha, I. Thomas). Sin embargo, parece que sólo nos hallamos en el comienzo. La lógica, a pesar de su desarrollo, sólo se ha utilizado en una mínima parte y, además, es de esperar un crecimiento considerable de las teorías existentes, crecimiento que, de hecho, se está llevando a cabo.

Historia: La historia de la lógica formal es una ciencia reciente, iniciada por J. Łukasiewicz (1921) y H. Scholz (1931). Desde Leibniz y su noción de "mathesis universalis" se viene discutiendo acerca de la relación entre la lógica y la matemática, aunque el problema no se planteó en toda su dimensión hasta Peano. También se han desarrollado en el siglo XX sus aplicaciones y la controversia acerca de las implicaciones filosóficas de la lógica moderna.

Referencias: Historia de la lógica: Scholz 1; Łukasiewicz 5; Bochenski 7, 8; Beth 3; Lewis 1; Jörgensen 1; Jörgensen 2; Jordan 1. Lógica y matemática: Gonseth 2; PM; Russell 3; Heyting 2; Dubislav 2. Lógica tradicional y lógica matemática: Lewis 1; Greenwood 1; Banks; Dopp. Introducciones: Carnap 1, 8; Hilbert A; Tarski 6; Reichenbach 1. Tratados: PM (esta obra clásica, sobrepasada en algunos aspectos, sigue siendo una fuente indispensable); Hilbert B; Quine 3; Feys 5; Scholz 5; Prior; Church 6. Bibliografía: Church 1 (recoge completamente el período que va de 1666 a 1935; se continúa en el JSL); Church 5; Beth 4 (magnífica y seleccionada metódicamente); cfr. también las bibliografías de Quine 3 y de Feys 5.

§ 1. EXPRESIONES Y OPERACIONES FUNDAMENTALES

Se pretende en este capítulo enumerar los nombres de las expresiones lógicas fundamentales, explicar su significado sin intentar definirlas estrictamente, y describir algunas de las operaciones fundamentales de la lógica. Todo este capítulo trata de los *nombres* de las expresiones. y no de las expresiones mismas. Por ello, constituye una teoría metalógica (cf. 2.16).

1.1. Expresión, Constante, Variable

1.11. "*Expresión*" — "un signo gráfico o un grupo de signos gráficos".

1.12. "*Expresión del sistema S*" — "una expresión formada según las reglas del sistema S".

1.13. "*Constante del sistema S*" — "una expresión que se considera que posee un significado definido en el sistema *S*".

Ejemplos: "Pedro", "Napoleón", "París", "este libro", etc.

Explicación: Al definir la constante, es necesario añadir "del sistema *S*" porque una expresión que sea una constante en un sistema dado (por ejemplo, en español) puede no ser una constante en otro sistema, puesto que el significado de las expresiones humanas es arbitrario o convencional. Esta indicación se aplica también a las expresiones "variable" (1.14), "nombre" (1.33), "funtor" (1.34), "variable individual" (1.42), etc. En atención a la simplicidad, se omite esta cláusula en la mayor parte de las definiciones de esta sección. Sin embargo, debe tenerse siempre en cuenta para entender las definiciones.

1.14. "*Variable*" — "una expresión que no posee significado definido en el sistema *S,* sino que sirve exclusivamente para indicar un hueco en el que puede colocarse una constante".

1.15. "*Equiforme*" — se dice que dos expresiones son "equiformes" si tienen la misma forma gráfica, es decir, si en el lenguaje ordinario se dice de ellas que son "la misma expresión".

1.2. Sustitución, categoría sintáctica

1.21. "*Sustituir b por a en c*" o "*a por b en c*" significa: "formar una expresión *d* que es en todo equiforme con *c* excepto en que en el lugar que en *c* corresponde a *a* se encuentra en *d* una expresión equiforme con *b*".

Ejemplo: «Sustituir "Pablo" por "Pedro" en "Pedro se está fumando una pipa"» significa «forme la expresión: "Pablo se está fumando una pipa"».

1.22. "*Categoría sintáctica del sistema S*" — "el conjunto de expresiones que pueden sustituirse por otras en todas las expresiones del sistema *S*, de manera que la expresión formada mediante esta sustitución es, a su vez, una expresión del sistema *S*".

Ejemplo: "Pedro" y "Pablo" pertenecen a la misma categoría sintáctica de la lengua castellana, puesto que al sustituir "Pedro" por "Pablo", o viceversa, en cualquier expresión en lengua castellana, se obtiene una nueva expresión en lengua castellana. Esto no sucede, por ejemplo, en el caso de "Pedro" y "duerme", puesto que al sustituir "duerme" por "Pedro" en "Pedro se está fumando una pipa", se obtiene "duerme se está fumando una pipa", que no es una expresión de la lengua castellana.

1.23. "*Sustitución correcta de variables*" — una sustitución de una variable en una expresión es correcta si todas las variables equiformes de esta expresión se sustituyen por aquellas expresiones que (1) son equiformes entre sí, y (2) que pertenecen a la misma categoría sintáctica que la variable.

Ejemplo: La sustitución de "Pedro" por "x" en la expresión "$x = x$" es correcta si las dos "x" se sustituyen por dos "Pedro", resultando la expresión "Pedro = Pedro". La sustitución no sería correcta si sólo se hubiera sustituido la primera "x", formando la expresión "Pedro = x".

1.3. Enunciado, nombre, funtor

1.31. "*Enunciado del sistema S*" — "una expresión que puede ocupar un lugar (o ser afirmada) por sí misma en el sistema *S*".

1.32. "*Función enunciativa del sistema S*" — "una expresión que contiene variables y que se convierte en un enunciado del sistema *S* al sustituir todas las variables por constantes".

Explicación: "Pedro se está fumando una pipa" es un enunciado; pero "x se está fumando una pipa" no es un enunciado, y no es ni verdadero ni falso. Se convierte en un enunciado cuando la "x" se sustituye por una constante. Un enunciado es un signo gráfico, o un grupo de signos gráficos. Lo que un enunciado *significa* se denomina "proposición".

1.33. "*Nombre*" — "una expresión que significa una cosa (sustancia)". Ejemplos: "Pedro", "París", "este lápiz".

1.34. "*Funtor*" — "una expresión que determina a otra expresión".

Ejemplos: "Hermoso", "corre", "quiere", "no es verdad que".

Explicación: A veces, en vez de "funtor", se usa "operador", o simplemente "predicado" (Quine). No se recomienda emplear la expresión "operación", frecuentemente usada, puesto que puede llevarnos a confundir una operación de la mente (un acto psíquico) con el símbolo escrito de una realidad extramental.

1.35. "*Argumento del funtor F*" — "una expresión determinada por el funtor F".

Ejemplos: "Cielo" es el argumento de "hermoso" en "cielo hermoso"; "Pedro" es el de "corre" en "Pedro corre"; "Juan" y "pipa" son argumentos de "gusta" en "A Juan le gusta una pipa"; "Juan está durmiendo" es el argumento de "no es verdad que" en el enunciado "No es verdad que Juan esté durmiendo".

1.4. Clasificación de las variables y de los funtores

1.41. "*Variable enunciativa*" — "una variable que sólo puede ser sustituida por un enunciado o por una función enunciativa".

Ejemplo: En "si *p*, entonces Eva se está fumando una pipa", la "*p*" es una variable enunciativa.

1.42. "*Variable individual*" — "una variable que sólo puede ser sustituida por un nombre de individuo".

Ejemplo: En "*x* se está fumando una pipa", "*x*" es una variable individual.

1.43. "*Funtor enunciativo*" — "un funtor que sólo puede tener como argumentos enunciados o funciones enunciativas".

Ejemplo: "Si... entonces" es un funtor enunciativo.

1.44. "*Funtor individual*" — "un funtor que sólo puede tener como argumentos nombres de individuos o variables individuales".

Ejemplos: "Bebe", "fuma", "detesta".

1.45. "*Funtor n-ádico*" (en donde *n* se sustituye por un entero positivo) — "un funtor que determina *n* argumentos".

Ejemplos: Funtores monádicos: "corre", "es indigno de confianza"; funtores diádicos: "gusta", "fuma" ("A *Juan* le gusta *una pipa*", "Juan se fuma *una pipa*"); funtores triádicos: "da" ("*Isidoro* da *una pipa* a *Bonifacio*"); funtores tetrádicos: "está situado entre" ("*Holanda* está situada entre *Alemania, Bélgica* y *el mar*").

1.5. **Definición**

1.51. "*x* en vez de *y*" — "*x*" es una abreviación de "*y*".

1.52. "Definición" — "una expresión que se forma sustituyendo las variables en "*x* en vez de *y*".

Historia: La idea de variable procede de Aristóteles, y la idea de categoría sintáctica, de Husserl. Las ideas restantes y el desarrollo sistemático de todo lo anterior es obra de la metalógica contemporánea (Carnap, Gödel, Leśniewski, Tarski).

Referencias: Tarski 2; Carnap 4; puede encontrarse un buen resumen en Quine 3; Church 6.

§ 2. REGLAS DE ESCRITURA

La lógica, que se ocupa de conceptos complejos y muy abstractos, se ha decidido a usar símbolos artificiales, puesto que carece de palabras para sus conceptos y, cuando aquéllas existen, no son fácilmente utilizables a causa de su imprecisión. La lógica concede gran importancia a las reglas de escritura. Este parágrafo presenta dos grupos de reglas de este tipo. El primero se refiere a la distinción entre dos suposiciones, y el segundo trata de la técnica de escritura de expresiones lógicas.

2.1. Suposición

2.11. "*La expresión X está en suposición formal*" en vez de: "la expresión *X* significa algo distinto de *X* y de todas las expresiones equiformes con *X*".

Eemplos: Casi todas las palabras del lenguaje ordinario están en suposición formal. Así, cuando se dice "Pedro está durmiendo", se considera que la palabra "Pedro" significa el hombre Pedro.

2.12. "*La expresión X está en suposición material*" en vez de "X se considera como un símbolo de la expresión X y de todas las expresiones equiformes con X".

Ejemplos: En «"gato" es un sustantivo», la palabra "gato" está en suposición material, puesto que no significa el animal, el gato, sino la palabra "gato".

2.13. *Regla*: Las expresiones que están en suposición material deben escribirse entre comillas, al contrario que las expresiones que están en suposición formal.

Ejemplo: La expresión "el gato está bebiendo leche" es correcta, mientras que "el «gato» está bebiendo leche" no lo es, puesto que al colocar "gato" entre comillas estamos diciendo que la palabra "gato" está bebiendo leche. De igual forma, "gato es un sustantivo" es incorrecto, mientras que "«gato» es un sustantivo" es correcto. A veces es difícil, en el lenguaje no formal, una aplicación estricta de esta regla, pero hay que esforzarse por conseguirlo.

W. V. O. Quine ha propuesto el empleo de nuevos signos $\ulcorner\ \urcorner$, además de comillas, en expresiones en suposición material que contienen variables, como la expresión de 2.12. Aduce Quine que, puesto que las comillas hacen que una expresión se convierta en el nombre de una expresión, nombre que debe ser considerado en su totalidad, incluyendo las comillas, no es admisible llevar a cabo en su interior sustitución alguna.

2.14. *Regla*: Las expresiones en suposición material deberían simbolizarse mediante expresiones que no sean equiformes con las primeras.

2.15. "*Metateoría de T*": "Una teoría que trata de las expresiones de la teoría *T*".

2.16. "*Metalógica*": "Metateoría de la lógica".

Ejemplos: El conjunto de enunciados del § 1 pertenece a la metalógica.

2.2. La colocación de funtores

2.21. *Regla del sistema de Łukasiewicz:* Todos los funtores se colocan delante de sus argumentos.

Ejemplos: "gusta: Pedro, pipa"; "situado entre: Holanda, Bélgica, Alemania, mar".

2.22. En el sistema de Łukasiewicz no son necesarios los paréntesis.

Ejemplos: La expresión matemática "*a* + a = 2a" se escribiría según 2.21: "= + *aa*2*a*". El funtor "+", al ser diádico, tiene como argumento las dos primeras "aes"; tenemos, a continuación, "+ *aa* = 2*a*"; el funtor "=" también es diádico, y su primer argumento es "+ *aa*", y su segundo argumento es "2*a*"; así obtenemos finalmente "= + *aa*2*a*".

2.23. *Regla del sistema Peano-Russell:* Los funtores diádicos se colocan entre sus argumentos; para evitar la ambigüedad, en las expresiones más complejas se utilizan paréntesis o puntos.

Ejemplo: En la expresión "2 + 2 × 3" es necesario utilizar paréntesis, puesto que sin ellos la expresión puede tener dos significados distintos: "(2 + 2) × 3" y "2 + (2 × 3)".

2.3. Paréntesis

2.31. "Paréntesis de primer grado" en vez de: "(" y ")".

2.32. "Paréntesis de segundo grado" en vez de: "[" y "]".

2.33. "Paréntesis de tercer grado" en vez de: "{" y "}".

2.34. "Paréntesis convexo" en vez de: "(" o "[" o "{".

2.35. "Paréntesis cóncavo" en vez de: ")" o "]" o "}".

2.36. *Regla:* Un funtor colocado delante de un paréntesis convexo tiene como argumento la parte de la expresión que va desde dicho paréntesis hasta el siguiente paréntesis cóncavo del mismo grado; un funtor que esté colocado detrás de un paréntesis cóncavo tiene como argumento la parte de la expresión que va desde el último paréntesis convexo del mismo grado hasta este paréntesis.

2.4. **Puntos**

2.41. *Regla:* Un paréntesis de grado *n* puede reemplazarse por un grupo de *n* puntos. Se considera que dos expresiones que se encuentran una al lado de otra están separadas por un grupo de 0 puntos.

2.42. *Regla:* Los puntos se colocan solamente junto a los funtores (consideramos también funtores a los cuantificadores, §11.2), y no al principio o al final de una expresión.

Ejemplo: La expresión "(2 + 2) × 3" no se escribe "· 2 + 2 · × · 3", sino "2 + 2 · × 3". Por razones de simetría, puede también escribirse "2 + 2 · × · 3".

2.43. "Grupo de puntos de la primera clase" en vez de: "grupo de puntos que se encuentran junto al funtor de la conjunción (§ 3.7)".

2.44. "Grupo de puntos de la segunda clase" en vez de: "grupo de puntos que se encuentran a la derecha de un cuantificador (§11.21-22)".

2.45. "Grupo de puntos de la tercera clase" en vez de: "grupo de puntos colocados a la derecha o a la izquierda de un funtor distinto de la conjunción y de la cuantificación".

2.46. *Regla:* Un funtor que vaya precedido o seguido de *n* puntos de la clase *m* se refiere a la parte de la expresión que va desde este grupo hasta el lugar en donde haya (1) un grupo de puntos semejantes, de la clase *m*, o de una clase superior, o (2) un grupo de más de *n* puntos de una clase inferior.

2.47. *Regla:* Si es necesario, pueden establecerse convenciones para subdividir las clases de puntos (2.43-5).

HISTORIA: La teoría de la suposición es muy antigua. La doctrina contenida en esta sección se elaboró a finales del siglo XIX y en el siglo XX. Peano sustituyó los paréntesis por puntos; el sistema de Łukasiewicz es aún más reciente, puesto que data de 1920.

REFERENCIAS: 2.1; cf. § anterior. 2.21: ya que es difícil conseguir la obra de Łukasiewicz, puede consultarse: Feys 5; Bochenski 4; PM, pp. 9 ss., o cualquier introducción o libro de texto. Desarrollos complementarios en: Curry 5; Turing.

II

La lógica de enunciados

§ 3. FUNTORES VERITATIVOS

Este capítulo contiene la teoría de las conexiones entre enunciados no analizados formados por funtores que corresponden a las palabras castellanas "no", "o", "si..., entonces...", "y", etc. Estos funtores reciben el nombre de "funtores veritativos" porque la verdad del enunciado que se forma con ellos depende exclusivamente de la verdad, y no del significado, de sus argumentos.

3.1. **Valores de verdad**

3.11. "*Valor de verdad*" en vez de: "1" o "0".

Explicación: Generalmente, "1" se interpreta como "verdadero" y "0" como "falso", lo que justifica la siguiente definición de valor: "el valor de un enunciado es su verdad o su falsedad" (Frege).
Nosotros consideraremos los valores como símbolos (en suposición material, 2.12) y no como valores interpretados.

3.12. "$p = x$" en vez de: «el valor de verdad de "p" es "x"».

Ejemplo: "$p = 1$" se lee: «el valor de "p" es verdadero».

3.13. "*F es un funtor veritativo*" en vez de: "el valor de verdad de cada expresión formada a partir de *F* y de los argumentos de *F* depende exclusivamente del valor de esos argumentos".

Ejemplo: "Excluye" es un funtor veritativo, puesto que la verdad del enunciado formado a partir de él, a saber: "p excluye q", depende sólo del valor de "p" y de "q"; si tanto "p" como "q" tienen el valor "1", el enunciado "p excluye q" es falso, y en todos los demás casos es verdadero, independientemente del significado de "p" y "q".

3.2. Negación

3.21. "$\{x, y\}$", en donde "x" e "y" deben ser sustituídos por valores de verdad, en vez de: «un funtor veritativo monádico en el que un argumento con valor "1" da "x", y con valor "0" da "y"».

Nota: Puede escribirse de la siguiente forma: $\{x, y\}\,1 = x$, y $\{x, y\}\,0 = y$.

3.22. Existen cuatro funtores veritativos monádicos: "$\{1, 1\}$", "$\{1, 0\}$", "$\{0, 1\}$" y "$\{0, 0\}$". En general, existen 2^{2^n} funtores veritativos n-ádicos.

3.23. "$\sim p$" (o "$\bar{p}$") o "Np", en vez de: "$\{0, 1\}\,p$".

Explicación: Se lee "no p". Este funtor recibe el nombre de "negación". Colocado ante un enunciado verdadero, da lugar a un enunciado falso; y colocado ante un enunciado falso, forma un enunciado verdadero. Así, la negación de un enunciado verdadero es falsa, y la negación de un enunciado falso es verdadera. Esto se representa en la siguiente tabla:

3.24.

P	$\sim P$
1	0
0	1

3.3. Funtores veritativos diádicos

3.31. "x, y, z, t", en donde "x", "y", "z" y "t" se sustituyen por valores de verdad, en vez de: "el funtor diádico tal que:

si $p = 1$ y $q = 1$, $\{x, y, z, t\}\,pq = x$
si $p = 1$ y $q = 0$, $\{x, y, z, t\}\,pq = y$
si $p = 0$ y $q = 1$, $\{x, y, z, t\}\,pq = z$
si $p = 0$ y $q = 0$, $\{x, y, z, t\}\,pq = t$".

En forma de tabla:

p q	x, y, z, t pq
1 1	*x*
1 0	*y*
0 1	*z*
0 0	*t*

O en forma abreviada:

{x, y, z, t} pq	1 0
1	*x y*
0	*z t*

3.32 Existen $2^{2^2} = 16$ funtores veritativos diádicos:

	1	2	3	4	5	6	7	8
p q	*V*	*A*	*B*	*C*	*D*	*E*	*F*	*G*
1 1	1	1	1	1	0	1	0	0
1 0	1	1	1	0	1	0	0	1
0 1	1	1	0	1	1	0	1	0
0 0	1	0	1	1	1	1	1	1
1 1	0	0	0	0	1	0	1	1
1 0	0	0	0	1	0	1	1	0
0 1	0	0	1	0	0	1	0	1
0 0	0	1	0	0	0	0	0	0
p q	*O*	*X*	*M*	*L*	*K*	*J*	*I*	*H*
	16	15	14	13	12	11	10	9

3.4. **Alternación o suma lógica** *

3.41. "$p \vee q$" o "*Apq*" en vez de: "{1, 1, 1, 0} *pq*".

Explicación: En nuestro lenguaje ordinario, la alternación corresponde al "o" tomado en sentido inclusivo (el "vel" latino). Por ejemplo: "El es

3.42.

p	q	$p \vee q$
1	1	1
1	0	1
0	1	1
0	0	0

$\vee$	1 0
1	1 1
0	1 0

* Se ha respetado aquí la terminología del autor. En manuales al uso es bastante frecuente leer "disyunción" en vez de "alternación" y "exclusión" en vez de "disyunción" (cfr. 3.6) (NT).

sacerdote o religioso". Este enunciado es verdadero si uno de sus argumentos es verdadero, y falso sólo si ambos son falsos.

Explicación: 3.42 es semejante a una tabla de sumar en aritmética:

$$1 + 1 = 2$$
$$1 + 0 = 1$$
$$0 + 1 = 1$$
$$0 + 0 = 0$$

salvo en la primera línea, en donde 3.42 tiene un "1", puesto que, en nuestro sistema, no hay ningún valor mayor que "1". Por ello, se ha dado el nombre de "suma lógica" a expresiones del tipo "$p \vee q$" o "Apq".

3.5. **Implicación material** *

3.51. "$p \supset q$" (o "$p \to q$") o "Cpq", en vez de: "$\{1, 0, 1, 1\}\, pq$".

Explicación: Este funtor corresponde aproximadamente al "si..., entonces" castellano.

3.52.

p	q	$p \supset q$
1	1	1
1	0	0
0	1	1
0	0	1

$\supset$	1	0
1	1	0
0	1	1

3.6. **Disyunción**

3.61. "$p \mid q$", o "Dpq", en vez de: "$\{0, 1, 1, 1\}\, pq$".

3.62.

p	q	$p \mid q$
1	1	0
1	0	1
0	1	1
0	0	1

$\mid$	1	0
1	0	1
0	1	1

Explicación: La expresión castellana que más se acerca al funtor "|" o "*D*", también llamado "funtor de Sheffer", es "o..., o..." **. Por ejemplo, "es o alemán o francés", es decir, no puede ser ambas cosas a la vez, aunque puede no ser ninguna de ellas, sino inglés.

* o "condicional" (NT).
** "o" tomado en sentido exclusivo (NT).

3.7. **Conjunción o producto lógico**

3.71. "$p \cdot q$" (o "$p \& q$") o "Kpq", en vez de: $\{1, 0, 0, 0\}\, pq$".

3.72.

p q	$p \cdot q$
1 1	1
1 0	0
0 1	0
0 0	0

$\cdot$	1 0
1	1 0
0	0 0

Explicación: El funtor "·" o "K", corresponde al "y" castellano. 3.72. se asemeja a la tabla de multiplicar:

$$1 \times 1 = 1$$
$$1 \times 0 = 0$$
$$0 \times 1 = 0$$
$$0 \times 0 = 0$$

De aquí que se denomine "producto lógico" a una expresión del tipo "$p \cdot q$".

3.73. *Regla:* Cuando se usan puntos para la separación (2.41), el funtor de la conjunción se reemplaza por el mayor grupo de puntos que debiera precederle o seguirle.

Ejemplo: "p y (q o r)" se escribe: "$p \cdot q \vee r$". En vez de "$p \cdot q$" escribiremos "pq" (grupo de cero puntos).

3.8. **Equivalencia o bicondicional**

3.81. "$p \equiv q$" (o "$p \sim q$") o "Epq", en vez de: $\{1, 0, 0, 1\}$".

3.82.

p q	$p \equiv q$
1 1	1
1 0	0
0 1	0
0 0	1

$\equiv$	1 0
1	1 0
0	0 1

Explicación: El funtor "≡" corresponde al castellano "si, y sólo si...".

3.9. Representación gráfica de Gonseth. Terminología

3.91. Se dibuja un cuadrado que corresponde a las tablas abreviadas 3.4-7:

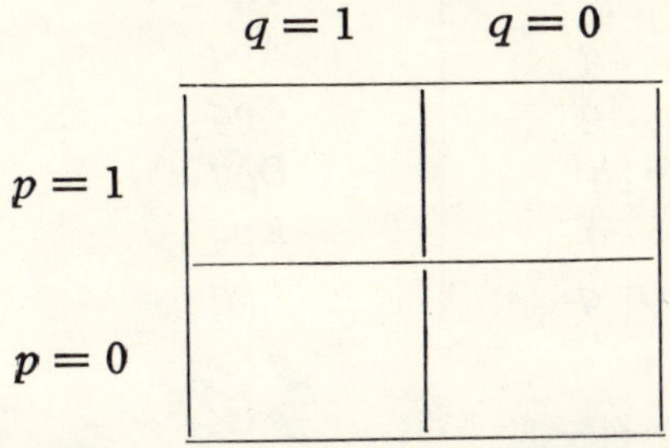

Rellenando los recuadros que corresponden a “1” en la tabla abreviada, se obtiene la siguiente representación gráfica:

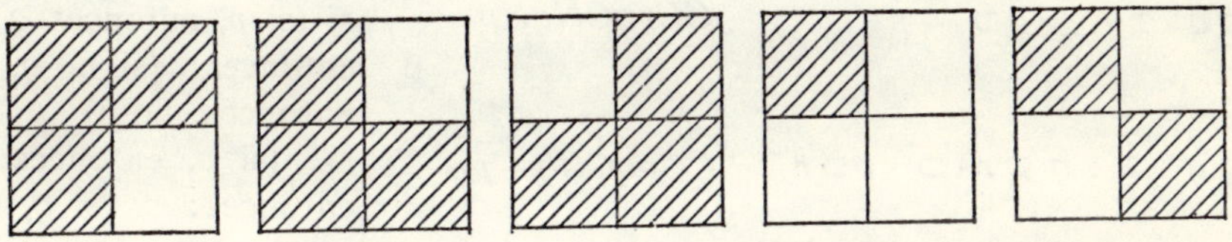

$p \vee q$ $\quad$ $p \supset q$ $\quad$ $p \mid q$ $\quad$ $p \cdot q$ $\quad$ $p \equiv q$

3.92. *Terminología de la lógica tradicional*

Si *Apq* ($p \vee q$), se dice que “*p*” y “*q*” son “subcontrarias”.
Si *Cpq* ($p \supset q$), se dice que “*p*” y “*q*” son “subalternas”.
Si *Jpq* ($p \equiv \sim q$), se dice que “*p*” y “*q*” son “contradictorias”
Si *Dpq* ($p \mid q$), se dice que “*p*” y “*q*” son “contrarias”.

A partir de esto, obtenemos el siguiente *cuadro lógico:*

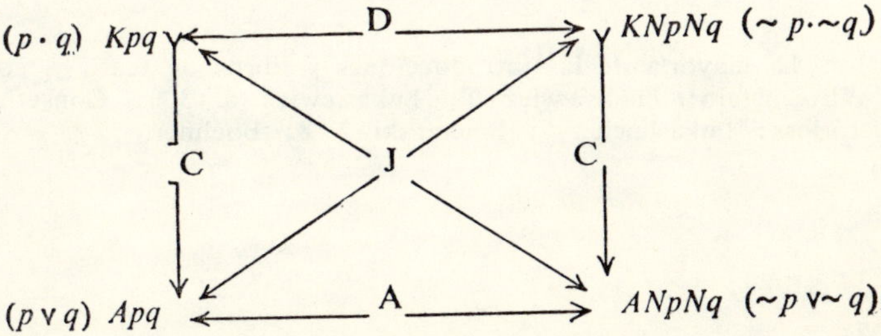

3.93. *Tabla comparativa de notaciones:*

Definición	Peano-Russell	Łukasiewicz	Hilbert
3.23	$\sim p$	Np	$\bar{p}$
3.41	$p \vee q$	Apq	$p \vee q$
3.51	$p \supset q$	Cpq	$p \rightarrow q$
3.61	$p \mid q$	Dpq	$p \mid q$
3.71	$p \cdot q$	Kpq	$p \,\&\, q$
3.81	$p \equiv q$	Epq	$p \sim q$

Ejemplos:

Peano-Russell	Łukasiewicz:	Lenguaje ordinario:
$p \cdot p \vee r$	$KpApr$	*p* y: *p* o *r*
$p \vee q \cdot q \supset r$	$KApqCqr$	*p* o *q*, y: si *q*, entonces *r*
$p \supset q \cdot \supset \cdot \sim q \supset \sim p$	$CCpqCNqNp$	si (si *p*, entonces *q*), entonces: (si no-*q*, entonces no-*p*)
$p \supset q : \supset : q \supset r \cdot \supset \cdot p \supset r$	$CCpqCCqrCpr$	si: (si *p*, entonces *q*), entonces: si (si *q*, entonces *r*), entonces: (si *p*, entonces *r*)

El último ejemplo hace patente la necesidad de usar una notación artificial.

Historia: Los Estoicos fueron los primeros conocedores de esta teoría, y elaboraron, entre otros elementos, 3.52. Los escolásticos la desarrollaron. Peirce, en el siglo XIX, y Wittgenstein, Post y Łukasiewicz, en el siglo XX, la revivieron y completaron. El método que aquí se ha seguido es el de Feys, y la representación gráfica es la de Gonseth.

Referencias: La mayoría de las introducciones y libros de texto y, sobre todo: Feys 5; Wittgenstein; Łukasiewicz T; Łukasiewicz 6. 3.8.: Gonseth 2. Referencias históricas: Łukasiewicz 5; Bocheński 2, 8; Boehner.

§ 4. EVALUACION

El problema que se trata en este capítulo es el de determinar si una expresión es una ley lógica, es decir, el de determinar cuáles son las sustituciones correctas de sus variables para que dicha expresión se convierta en un enunciado verdadero. El problema ha recibido muchas soluciones. El método más perfeccionado y fácil es el de evaluación por sustitución, que exponemos aquí.

4.1. Definiciones

4.11. *"Ley lógica"* en vez de: "una función enunciativa que se convierte en un enunciado verdadero cuando todas sus variables han sido sustituidas correctamente (1.23) por constantes".

4.12. *"Evaluar"* en vez de: "mostrar que una expresión es, o no es, una ley".

4.13. *"Expresión elemental"* en vez de: "una expresión compuesta por "$\sim$" (o "*N*") y por un valor de verdad, o por "$\vee$", "$\supset$", "$\cdot$", "$|$", o "$\equiv$" (o, respectivamente, "*A*", "*C*", "*K*", "*D*" o "*E*") y por dos valores de verdad".

4.2. La técnica de evaluación

4.21. *Regla de evaluación:* (a) Determinar todas las combinaciones posibles de los valores de verdad; (b) sustituir los valores de verdad de la primera combinación por las variables de la expresión que hay que evaluar; (c) sustituir los valores de las expresiones elementales obtenidas de esta forma según las definiciones de § 3; (d) repetir esta operación hasta que sólo quede un número; (e) si este número es "0", la expresión no es una ley; (f) si es un "1", realizar sustituciones semejantes a la anterior en las combinaciones restantes; y (g) si en todas las combinaciones resulta un "1", la expresión es una ley.

4.22. El número de combinaciones posibles de valores de verdad para n variables no isomorfas es 2^n.

Si todas las variables son isomorfas, habrá dos valores: $p = 1$; $p = 0$. Con dos variables no-isomorfas, tendremos cuatro valores:

(1) $p = 1, \quad q = 1$
(2) $p = 1, \quad q = 0$
(3) $p = 0, \quad q = 1$
(4) $p = 0, \quad q = 0$

Con tres variables no-isomorfas, tendremos ocho valores:

(1) $p = 1, \quad q = 1, \quad r = 1$
(2) $p = 1, \quad q = 1, \quad r = 0$
(3) $p = 1, \quad q = 0, \quad r = 1$
(4) $p = 1, \quad q = 0, \quad r = 0$
(5) $p = 0, \quad q = 1, \quad r = 1$
(6) $p = 0, \quad q = 1, \quad r = 0$
(7) $p = 0, \quad q = 0, \quad r = 1$
(8) $p = 0, \quad q = 0, \quad r = 0$

Con cuatro variables no-isomorfas, tendremos dieciséis valores, etc.

4.23. *Valores de verdad de las expresiones elementales:* La siguiente tabla facilita la sustitución de valores en las expresiones elementales:

Expr.	Val.	Expr.	Val.	Expr.	Val.	Expr.	Val.	Expr.	Val.
$1 \vee 1$	1	$1 \supset 1$	1	$1 \mid 1$	0	$1 \cdot 1$	1	$1 \equiv 1$	1
$1 \vee 0$	1	$1 \supset 0$	0	$1 \mid 0$	1	$1 \cdot 0$	0	$1 \equiv 0$	0
$0 \vee 1$	1	$0 \supset 1$	1	$0 \mid 1$	1	$0 \cdot 1$	0	$0 \equiv 1$	0
$0 \vee 0$	0	$0 \supset 0$	1	$0 \mid 0$	1	$0 \cdot 0$	0	$0 \equiv 0$	1
~ 1	0								
~ 0	1								
A11	1	C11	1	D11	0	K11	1	E11	1
A10	1	C10	0	D10	1	K10	0	E10	0
A01	1	C01	1	D01	1	K01	0	E01	0
A00	0	C00	1	D00	1	K00	0	E00	1
N1	0								
N0	1								

Ejemplo: Evaluar la siguiente expresión: "*CCpqCNqNp*".
Hay dos variables no-isomorfas: "*p*" y "*q*"; de aquí que se requieran cuatro sustituciones:

(a) $p = 1,\ q = 1$	(b) $p = 1,\ q = 0$	(c) $p = 0,\ q = 1$	(c) $p = 0,\ q = 0$
$CCpqCNqNp$	$CCpqCNqNp$	$CCpqCNqNp$	$CCpqCNqNp$
$CC11CN1N1$	$CC10CN0N1$	$CC01CN1N0$	$CC00CN0N0$
C 1 C 0 0	C 0 C 1 0	C 1 C 0 1	C 1 C 1 1
C 1 1	C 0 0	C 1 1	C 1 1
1	1	1	1

Puesto que las cuatro sustituciones dan como resultado el valor de verdad "1", la expresión es siempre verdadera y, por ello, se trata de una ley lógica (4.21).

Cuando se utiliza la notación de Peano-Russell, la técnica de evaluación es la misma, salvo que es necesario omitir los puntos y los paréntesis. Por eso es más fácil evaluar expresiones con la notación de Łukasiewicz.

HISTORIA: Cf. § 3.

REFERENCIAS: Las explicaciones más claras son: Scholz 5; Quine 3; Feys 5.

§ 5. EQUIVALENCIAS

Este capítulo contiene las leyes lógicas más simples y más usadas, bajo la forma de equivalencias. Se ofrecen en dos notaciones, en la de Peano-Russell y en la de Łukasiewicz.

5.1. contiene leyes en las que todas las variables son isomorfas.

5.2-6. contienen leyes con dos o tres variables no-isomorfas agrupadas según el funtor del primer argumento.

5.1. Leyes en las que todas las variables son isomorfas

5.11.	$p \equiv p$	*Epp*	Principio de Identidad
5.12.	$\sim \sim p \equiv p$	*ENNpp*	Principio de Doble Negación
5.13.	$\sim \sim \sim p \equiv \sim p$	*ENNNpNp*	Principio de Triple Negación
5.14.	$\sim p \equiv p \mid p$	*ENpDpp*	Reducción de la Negación (cf. 5.45)
5.15.	$p \vee p \cdot \equiv \cdot p$	*EAppp*	1.ª Ley de Tautología
5.16.	$pp \equiv p$	*EKppp*	2.ª Ley de Tautología

5.2. Leyes de la Suma (Alternación)

5.211.	$p \vee q \cdot \equiv \cdot \sim p \supset q$	*EApqCNpq*	Cf. 5.311
5.212.	$p \vee q \cdot \equiv \cdot \sim p \mid \sim q$	*EApqDNpNq*	Cf. 5.41 Reducción de la alternación
5.213.	$p \vee q \cdot \equiv \cdot \sim \cdot \sim p \sim q$	*EApqNKNpNq*	3.ª Ley de De Morgan
5.214.	$p \vee q : \equiv : p \supset q \cdot \supset q$	*EApqCCpqq*	
5.22.	$p \vee q \cdot \equiv \cdot q \vee p$	*EApqAqp*	Ley Conmutativa de la Suma
5.23.	$p \cdot \vee \cdot q \vee r : \equiv : p \vee q \cdot \vee \cdot r$	*EApAqrAApqr*	Ley Asociativa de la Suma
5.24.	$p \cdot \vee \cdot qr : \equiv : p \vee q \cdot p \vee r$	*EApKqrKApqApr*	Ley distributiva de la Suma
5.25.	$p \cdot \vee \cdot p \vee q : \equiv : p \vee q$	*EApApqApq*	1.ª Ley de Simplificación de la Suma
5.26.	$p \cdot \vee \cdot pq : \equiv : p$	*EApKpqp*	2.ª Ley de Simplificación de la Suma

5.27. $\sim \cdot p \vee q \cdot \equiv \cdot \sim p \cdot \sim q$ — *ENApqKNpNq*
1.ª Ley de De Morgan

5.3. Leyes de la Implicación

5.311. $p \supset q \cdot \equiv \cdot \sim p \vee q$ — *ECpqANpq*

5.312. $p \supset q \cdot \equiv \cdot p \mid \sim q$ — *ECpqDpNq*
Reducción de la Implicación

5.313. $p \supset q \cdot \equiv \cdot \sim \cdot p \sim q$ — *ECpqNKpNq*

5.314. $p \supset q \cdot \equiv \cdot p \equiv pq$ — *ECpqEpKpq*

5.315. $p \supset q : \equiv : q \cdot \equiv \cdot p \vee q$ — *ECpqEqApq*

5.32. $p \supset q \cdot \equiv \cdot \sim q \supset \sim p$ — *ECpqCNqNp*
Ley de Contraposición Simple

5.321. $p \supset \sim q \cdot \equiv \cdot q \supset \sim p$ — *ECpNqCqNp*
2.ª Ley de Contraposición Simple

5.322. $\sim p \supset q \cdot \equiv \cdot \sim q \supset p$ — *ECNpqCNqp*
3.ª Ley de Contraposición Simple

5.33. $p \cdot \supset \cdot q \supset r : \equiv : q \cdot \supset \cdot p \supset r$ — *ECpCqrCqCpr*
Ley de Conmutación Simple

5.34. $pq \supset r : \equiv : p \cdot \supset \cdot q \supset r$ — *ECKpqrCpCqr*
1.ª Ley de Exportación

5.35 $pq \supset r : \equiv : q \cdot \supset \cdot p \supset r$ — *ECKpqrCqCpr*
2.ª Ley de Exportación

5.36 $p \cdot \supset \cdot p \supset q : \equiv : p \supset q$ — *ECpCpqCpq*

5.37. $pq \supset r \cdot \equiv \cdot \sim rq \supset \sim p$ — *ECKpqrCKNrqNp*
1.ª Ley de Contraposición Silogística

5.38. $pq \supset r \cdot \equiv \cdot p \sim r \supset \sim q$ — *ECKpqrCKpNrNq*
2.ª Ley de Contraposición Silogística

5.39. $\sim \cdot p \supset q \cdot \equiv \cdot p \sim q$ — *ENCpqKpNq*

5.4. Leyes de la Disyunción

5.41. $p \mid q \cdot \equiv \cdot \sim p \vee \sim q$ — *EDpqANpNq*

5.42. $p \mid q \cdot \equiv \cdot p \supset \sim q$ — *EDpqCpNq*

5.43.	$p \mid q \cdot \equiv \cdot \sim \cdot pq$	*EDpqNKpq*
5.44.	$p \mid q \cdot \equiv \cdot q \mid p$	*EDpqDqp* Conmutatividad de la exclusión
5.45.	$p \mid p \cdot \equiv \cdot \sim p$	*EDppNp* Reducción de la Negación
5.46.	$\sim \cdot p \mid q \cdot \equiv \cdot pq$	*ENDpqKpq*

5.5. Leyes del Producto (Conjunción)

5.511.	$pq \cdot \equiv \cdot \sim \cdot \sim p \vee \sim q$	*EKpqNANpNq* 4.ª Ley de De Morgan
5.512.	$pq \cdot \equiv \cdot \sim \cdot p \supset \sim q$	*EKpqNCpNq*
5.513.	$pq \cdot \equiv \cdot \sim \cdot p \mid q$	*EKpqNDpq* Reducción de la Conjunción
5.52.	$pq \equiv qp$	*EKpqKqp* Ley Conmutativa del Producto
5.53.	$p \cdot qr \cdot \equiv \cdot pq \cdot r$	*EKpKqrKKpqr* Ley Asociativa del Producto
5.54.	$p \cdot q \vee r \cdot \equiv pq \vee pr$	*EKpAqrAKpqKpr* Ley Distributiva del Producto
5.55.	$p \cdot p \vee q \cdot \equiv \cdot p$	*EKpApqp* 1.ª Ley de Simplificación del Producto
5.56.	$p \cdot pq \cdot \equiv \cdot pq$	*EKpKpqKpq* 2.ª Ley de Simplificación del Producto
5.57.	$\sim \cdot pq \cdot \equiv \cdot \sim p \vee \sim q$	*ENKpqANpNq* 2.ª Ley de De Morgan
5.58.	$\sim \cdot pq \cdot \equiv \cdot p \mid q$	*ENKpqDpq*

5.6. Leyes de la Equivalencia

5.611.	$p \equiv q \cdot \equiv \cdot pq \vee \sim p \sim q$	*EEpqAKpqKNpNq*
5.612.	$p \equiv q \cdot \equiv \cdot p \supset q \cdot q \supset p$	*EEpqKCpqCqp*
5.62.	$p \equiv q \cdot \equiv \cdot q \equiv p$	*EEpqEqp* Ley Conmutativa de la Equivalencia

5.63.	$p \cdot \equiv \cdot q \equiv r : \equiv : p \equiv q \cdot \equiv \cdot r$	*EEpEqrEEpqr* Ley Asociativa de la Equivalencia
5.64.	$p \equiv q \cdot \equiv \cdot \sim p \equiv \sim q$	*EEpqENpNq* Inversión de la Equivalencia
5.65.	$p \equiv q \cdot \equiv \cdot \sim q \equiv \sim p$	*EEpqENqNp* 1.ª Contraposición de la Equivalencia
5.66.	$\sim p \equiv q \cdot \equiv \cdot \sim q \equiv p$	*EENpqENqp* 2.ª Contraposición de la Equivalencia
5.67.	$p \equiv \sim q \cdot \equiv \cdot q \equiv \sim p$	*EEpNqEqNp* 3.ª Contraposición de la Equivalencia

5.7. **Reglas de transformación** mediante las cuales pueden elaborarse leyes complementarias a partir de estas leyes anteriores.

5.71. *"Funtor principal de X"* en vez de: "la ocurrencia de "≡" en "*X*" que tenga el mayor grupo de puntos".

5.72. *Regla de Inversión:* Si *X* es una de las leyes del § 5 (columna de la izquierda), la expresión que se forma sustituyendo la parte de *X* que sigue al funtor principal por la parte que lo precede, y viceversa, es, a su vez, una ley lógica.
Ejemplo: Puesto que (5.16) "$pp \equiv p$ es una ley, "$p \equiv pp$" también es una ley.

5.73. *Regla de sustitución de la implicación:* Si *X* es una ley del § 5 (columna de la izquierda), la expresión que resulta al sustituir el funtor principal por "⊃" también es una ley. O, lo que es lo mismo, en la notación de Łukasiewicz, la expresión que resulta al sustituir "*E*" por "*C*" también es una ley.
Ejemplo: Puesto que (5.11) "$p \equiv p$", o "*Epp*" es una ley, también será una ley "$p \supset p$" o "*Cpp*".

Historia: Los Escolásticos conocían ya casi todas las leyes expuestas en esta sección, incluyendo las que después recibieron erróneamente la denominación de leyes de De Morgan (5.27, 5.57, 5.213, 5.511).

Referencias: En PM 2-5, y en diversas obras, sobre todo en Feys 5, se da una enumeración casi completa de las leyes que se utilizan en la práctica.

§ 6. "PRIMEROS PRINCIPIOS" E IMPLICACIONES

Las leyes que vamos a enumerar, junto con las equivalencias del § 5, son las más importantes. 6.1. contiene tres leyes que, junto con 5.11., son conocidas como los "primeros principios" de la lógica tradicional; se presentan con la notación del Cálculo de Enunciados. La disposición es la misma que la del § 5.

6.1. "Primeros Principios"

6.11.	$\sim \cdot p \sim p$	*NKpNp*	Principio de No-Contradicción
6.12.	$p \mid \sim p$	*DpNp*	
6.13.	$p \vee \sim p$	*ApNp*	Principio de Tercero Excluído

6.2. Leyes características de la Implicación

6.21.	$p \cdot \supset \cdot q \supset p$	*CpCqp*	1.ª Ley Paradójica ("Verum sequitur ad quodlibet")
6.22.	$\sim p \cdot \supset \cdot p \supset q$	*CNpCpq*	2.ª Ley paradójica ("Ex falso sequitur quodlibet")
6.23.	$p \supset \sim p \cdot \supset \cdot \sim p$	*CCpNpNp*	1.ª Reducción al absurdo
624.	$p \cdot \supset \cdot \sim p \supset q$	*CpCNpq*	
6.25.	$p \sim p \supset \sim p$	*CKpNpNp*	2.ª Reducción al absurdo
6.26.	$p \cdot \supset \cdot p \vee q$	*CpApq*	Ley del nuevo factor
6.27.	$pq \supset p$	*CKpqp*	1.ª ley del *a fortiori*
6.271.	$pq \supset q$	*CKpqq*	2.ª ley del *a fortiori*
6.281.	$pq \cdot \supset \cdot p \supset q$	*CKpqCpq*	
6.282.	$p \equiv q \cdot \supset \cdot p \supset q$	*CEpqCpq*	

6.3. Leyes del silogismo

6.31.	$q \supset r : \supset : p \supset q \cdot \supset \cdot p \supset r$	*CCqrCCpqCpr*
6.32.	$p \supset q : \supset : q \supset r \cdot \supset \cdot p \supset r$	*CCpqCCqrCpr*
6.33.	$p \supset q : \cdot \supset : \cdot q \supset r : \supset : r \supset s \cdot \supset \cdot p \supset s$	*CCpqCCqrCCrsCps*
6.34.	$p \supset q :: \supset :: q \supset r : \cdot \supset : \cdot r \supset s : \supset : s \supset t \cdot \supset \cdot p \supset t$	*CCpqCCqrCCrsCCstCpt*
6.35.	$p \supset q \cdot q \supset r \cdot \supset \cdot p \supset r$	*CKCpqCqrCpr*
6.36.	$p \supset q \cdot q \supset r \cdot r \supset s \cdot \supset \cdot p \supset s$	*CKKCpqCqrCrsCps*

6.37. $p \supset q \cdot q \supset r \cdot r \supset s \cdot s \supset t \cdot \supset \cdot p \supset t$ *CKKKCpqCqrCrsCstCpt*

6.38. $p \supset q : \supset : r \vee p \cdot \supset \cdot r \vee q$ *CCpqCArpArq*

6.4. Modos del Silogismo Hipotético

6.41. $p : \supset : p \supset q \cdot \supset \cdot q$ *CpCCpqq*
Modus ponendo ponens 1.º

6.42. $p \supset q \cdot p \cdot \supset \cdot q$ *CKCpqpq*
Modus ponendo ponens 2.º

6.421. $p \supset \sim q \cdot p \cdot \supset \cdot \sim q$ *CKCpNqpNq*

6.422. $\sim p \supset q \cdot \sim p \cdot \supset \cdot q$ *CKCNpqNpq*

6.423. $\sim p \supset \sim q \cdot \sim p \cdot \supset \cdot \sim q$ *CKCNpNqNpNq*

6.43. $\sim q : \supset : p \supset q \cdot \supset \cdot \sim p$ *CNqCCpqNp*
Modus tollendo tollens 1.º

6.44. $p \supset q \cdot \sim q \cdot \supset \cdot \sim p$ *CKCpqNqNp*
Modus tollendo tollens 2.º

6.441. $p \supset \sim q \cdot q \cdot \supset \cdot \sim p$ *CKCpNqqNp*

6.442. $\sim p \supset q \cdot \sim q \cdot \supset \cdot p$ *CKCNpqNqp*

6.443. $\sim p \supset \sim q \cdot q \cdot \supset \cdot p$ *CKCNpNqqp*

6.5. Modos del silogismo copulativo y del silogismo disyuntivo

6.51. $\sim p : \supset : p \vee q \cdot \supset \cdot q$ *CNpCApqq*
Modus ponendo ponens 1.º

6.511. $\sim q : \supset : p \vee q \cdot \supset \cdot p$ *CNqCApqp*

6.52. $p \vee q \cdot \sim p \cdot \supset \cdot q$ *CKApqNpq*
Modus ponendo ponens 2.º

6.521. $p \vee q \cdot \sim q \cdot \supset \cdot p$ *CKApqNqp*

6.522. $p \vee \sim q \cdot \sim p \cdot \supset \cdot \sim q$ *CKApNqNpNq*

6.523. $\sim p \vee q \cdot p \cdot \supset \cdot q$ *CKANpqpq*

6.524. $\sim p \vee \sim q \cdot p \cdot \supset \cdot \sim q$ *CKANpNqpNq*

6.53. $p : \supset : p \mid q \cdot \supset \cdot \sim q$ *CpCDpqNq*
Modus ponendo tollens 1.º

6.531. $q : \supset : p \mid q \cdot \supset \cdot \sim p$ *CqCDpqNp*

6.532. $p : \supset : \sim \cdot pq \cdot \supset \cdot \sim q$ *CpCNKpqNq*

6.54. $p \mid q \cdot p \cdot \supset \cdot \sim q$ — *CKDpqpNq*
Modus ponendo tollens 2.º

6.541. $p \mid \sim q \cdot p \cdot \supset \cdot q$ — *CKDpNqpq*

6.542. $\sim p \mid q \cdot \sim p \cdot \supset \cdot \sim q$ — *CKDNpqNpNq*

6.543. $\sim p \mid \sim q \cdot \sim p \cdot \supset \cdot q$ — *CKDNpNqNpq*

6.6. Leyes de Composición y Dilemas

6.61. $p \supset q \cdot p \supset r \cdot \supset \cdot p \supset qr$ — *CKCpqCprCpKqr*
Ley de multiplicación del consecuente

6.62. $p \cdot \supset \cdot q \supset pq$ — *CpCqKpq*

6.63. $p \supset q \cdot r \supset s : \supset : pr \supset qs$ — *CKCpqCrsCKprKqs*
Multiplicación de ambos extremos

6.64. $p \supset q \cdot r \supset s : \supset : p \vee q \cdot \supset \cdot \supset \cdot q \vee s$ — *CKCpqCrsCAprAqs*
Adición de ambos extremos

6.65. $p \supset r \cdot q \supset r : \supset : p \vee q \cdot \supset \cdot r$ — *CKCprCqrCApqr*
1.er dilema constructivo

6.66. $p \supset r \cdot \sim p \supset r \cdot \supset \cdot r$ — *CKCprCNprr*
2.º dilema constructivo

6.67. $\sim q \sim r : \cdot \supset : \cdot p \cdot \supset \cdot q \vee r : \supset : \sim p$ — *CKNqNrCCpAqrNp*
1.er dilema destructivo

6.671. $p \cdot \supset \cdot qr : \sim q \sim r : \supset : \sim p$ — *CKCpKqrKNqNrNp*
2.º dilema destructivo

6.68. $p \supset q \cdot p \supset \sim q \cdot \supset \sim p$ — *CKCpqCpNqNp*
3.ª reducción al absurdo

HISTORIA: 6.24 era conocida ya en tiempos de Demócrito y de Platón; Aristóteles conocía 6.11, 6.13, 6.35 y 6.44; los Estoicos establecieron como leyes "indemostrables" 6.41, 6.43, 6.52, 6.532. Los Escolásticos dispusieron de casi todas las leyes presentadas en esta sección y en las anteriores de forma totalmente independiente de los Estoicos. 6.63 fue descubierta, o, mejor, redescubierta, junto con algunas otras leyes, por Leibniz, y le agradó tanto que le dio el nombre de "praeclarum theorema".

REFERENCIAS: Cf. § 5.

§ 7. SISTEMA AXIOMATICO

La teoría de un sistema axiomático representa un ideal de método deductivo que la lógica siempre ha pregonado. Este método se aplicó por primera vez con todo su rigor a la lógica, y hoy día ha llegado a alcanzar un desarrollo tal que puede aplicarse a otros muchos campos. Este capítulo presenta en forma abreviada la teoría correspondiente, sacrificando el rigor en aras de la claridad; un desarrollo riguroso requeriría largas explicaciones.

7.1. Definiciones

7.11. *"Sistema Axiomático"* en vez de "el conjunto de expresiones pertenecientes a dos clases tales que los elementos de la segunda se derivan de la primera mediante la aplicación de reglas explícitamente formuladas".

7.12. Un sistema axiomático contiene términos, enunciados y leyes, reglas de definición de términos, reglas de formación de enunciados y reglas de deducción de leyes.

7.2. Términos y definiciones

7.21. *"Término del sistema S"* en vez de: "expresión del sistema *S*, ninguna de cuyas partes es una expresión del sistema *S*".

Ejemplo: "$\vee$" (o "*A*"), "*p*" y "*q*" son términos del Cálculo de Enunciados, mientras que "$p \vee q$" no lo es, puesto que contiene partes que son enunciados ("*p*" y "*q*").

7.22. *"Definir X mediante Y"* en vez de: "formar una expresión que indica que *X* puede sustituirse por *Y*". Una definición en este sentido no es la determinación o explicación de una esencia, de un concepto o de una palabra, sino que consiste tan sólo en que puede usarse un signo en lugar de otro; en general, se trata de una abreviatura de una serie más larga de signos.

7.23. *"Término primitivo del sistema S"* en vez de: "término del sistema *S* que no está definido en el sistema *S*".

7.24. *"Término derivado del sistema S"* en vez de "regla que indica la forma correcta de definir los términos derivados del sistema *S*".

7.26. *Regla:* Hay que establecer explícitamente todos los términos primitivos y reglas de definición del sistema axiomático, y deben definirse explícitamente todos los términos que no son primitivos.

7.3. Enunciados y Reglas de Formación

7.31. "*Regla de formación del sistema S*" en vez de: "regla que indica cómo pueden colocarse los términos del sistema *S* dentro de enunciados del sistema *S*".

Ejemplo: Una de las reglas del sistema de Łukasiewicz es "un grupo de términos compuesto de "*C*" y de dos variables es un enunciado". En muchos sistemas todas las expresiones son enunciados.

7.32. *Regla general de formación:* Todos los enunciados del sistema *S* deben formarse exclusivamente a partir de términos de *S*, tal y como indican las reglas de formación de *S*.

7.4. Leyes y Deducciones

7.41. "*Ley del sistema S*" en vez de: "enunciado establecido en el sistema *S*".

7.42. "*Deducir Y a partir de X en el sistema S*" en vez de: "mostrar que si *X* es una ley de *S*, las reglas de *S* permiten establecer *Y*".

7.43. "*Axioma del sistema S*" en vez de: "ley del sistema *S* que no es deducida en el sistema *S*".

7.44. "*Teorema del sistema S*" en vez de: "ley del sistema *S* deducida a partir de los axiomas de *S* mediante la aplicación de las reglas de *S*".

7.45. "*Regla de deducción del sistema S*" en vez de: "regla que indica la forma correcta de deducir en el sistema *S*".

7.45. *Regla:* Hay que explicitar todos los axiomas y todas las reglas deducción del sistema axiomático; el resto de los enunciados establecidos deben deducirse explícitamente.

7.47. *Regla:* La aplicación de leyes y definiciones en la deducción de un teorema debe ser explícitamente formulada en una expresión especial llamada "prueba", "línea de prueba" o "línea de derivación".

Ejemplo: el § 8 contiene varios ejemplos acompañados de explicaciones.

7.48. "*X implica inferencialmente Y en el sistema S*" en vez de: "las reglas de deducción del sistema *S* permiten deducir *Y* a partir de *X*".

Explicación: No hay que confundir la implicación material con la implicación inferencial. Por ejemplo, la primera se asocia a todos los enunciados verdaderos, lo que no sucede, sin embargo, en el caso de la segunda. El "si" castellano se encuentra más cerca de la implicación inferencial que de la implicación material.

7.5. Formalismo

7.51. "*Sistema formalizado*" en vez de: "sistema axiomático en el que todas las reglas se ocupan exclusivamente de la forma gráfica de las expresiones, y se formulan explícitamente junto con los axiomas".

7.52. *Regla:* El sistema formalizado, una vez establecidos sus axiomas y reglas, debe desarrollarse únicamente en virtud de sus reglas, y sin ninguna referencia al significado semántico de las expresiones que se utilizan.

7.53. El sistema axiomático formalizado, como tal, no tiene ningún significado semántico, y es susceptible de diversas interpretaciones.

Ejemplo: El sistema expuesto en §§ 4-6 debe considerarse como un conjunto de letras que no simboliza *nada.* Por ejemplo, no debe entenderse la "*C*" como el símbolo de la implicación, según el significado ordinario de "si", sino que debe tomarse exclusivamente como un funtor definido según la tabla 3.52. En §§ 9, 12 y 16 ofreceremos tres interpretaciones diferentes que facilitan la comprensión de § 3.

7.6. Consistencia

7.61. "*Sistema no-contradictorio*" en vez de: "sistema axiomático cuyas reglas de deducción no permiten que se deduzca un enunciado junto con su negación".

7.62. En un sistema completo que sea contradictorio puede deducirse cualquier enunciado.

Explicación: En virtud de 6.24, un enunciado establecido al mismo tiempo que su negación nos permite deducir "*q*". Sustituyendo, podemos obtener entonces el enunciado que queramos. El resultado es que desaparece la distinción entre enunciados verdaderos y enunciados falsos, y la ciencia ya no es posible. Esto llevó a Aristóteles a decir que el principio de no-contradicción (6.11) es el primer principio de la lógica.

7.7. Completud e independencia

7.71. "*Sistema completo en sentido amplio*" en vez de: "sistema axiomático que contiene todos los enunciados verdaderos de un campo determinado". También puede decirse que no es verdadero ningún enunciado de un campo determinado si no es derivable en el sistema.

7.72. *"Sistema completo en sentido estricto"* en vez de: "sistema axiomático en el cual ningún axioma puede deducirse a partir de otros axiomas del sistema mediante la aplicación de las reglas del sistema".

7.73. *"Sistema con axiomas independientes"* en vez de: "sistema axiomático en el que ningún axioma puede deducirse de otros axiomas del sistema mediante la aplicación de las reglas del sistema".

7.8. Reglas

7.81. Todo sistema axiomático debe ser formalizado y no-contradictorio.

7.82. Debe intentarse establecer sistemas completos en sentido estricto, con axiomas independientes.

HISTORIA: El sistema axiomático es uno de los descubrimientos debidos al genio de Aristóteles *(Analíticos Posteriores);* ha recibido una atención especial por parte de los matemáticos (sistema Euclidiano) y ha sido elaborado formal y rigurosamente por algunos metalógicos contemporáneos (cf. § 26.3).

REFERENCIAS: Exposiciones elementales: Carnap 1; Tarski 6; Hilbert A; Prior. Elaboraciones metalógicas rigurosas: Cf. § 26; también Bernays; Schröter 1; Schröter 2; Woodger 3; Carnap 5. Existe una extensa bibliografía sobre los métodos para probar la consistencia, la completud y la independencia de los axiomas. Hay que destacar especialmente la obra de Gödel.

§ 8. UN SISTEMA DE LA LOGICA DE ENUNCIADOS

Esta sección presenta, a título de ejemplo, un sistema axiomático del cálculo de enunciados. El método que se ha empleado para desarrollarlo es el más riguroso de cuantos se conocen. Sólo se ofrecen aquí los fundamentos (definiciones, axiomas, reglas, etc.), y algunas de las demostraciones iniciales.

8.1. Términos Primitivos, Regla de Definición y Reglas de Formación

8.11. *Términos primitivos: "D"* — funtor diádico; *"p", "q", "r", "s"* — variables enunciativas.

8.12. *Regla de Definición:* Puede introducirse en el sistema un término nuevo formulando un grupo de términos, llamado "definición", que consta de: (1) una expresión que contiene el nuevo término y en el cual todos los demás son términos del sistema; (2) "="; (3) una expresión que sólo contiene términos primitivos o términos ya definidos.

8.13. *Reglas de Formación:* (1) una variable es un enunciado; (2) un grupo de términos compuesto por *"N"* seguido de un enunciado, es un enunciado; (3) un grupo de términos compuesto por *"A", "C", "D", "E"* o *"K"* seguidos por dos enunciados, es un enunciado.

8.2. Definiciones

8.21. $Np \ = Dpp$ (cf. 5.14)

8.22. $Apq = DNpNq$ (cf. 5.213)

8.23. $Cpq = ANpq$ (cf. 5.311)

8.24. $Kpq = NANpNq$ (cf. 5.511)

8.25. $Epq = KCpqCqp$ (cf. 5.612)

8.3. Reglas de Deducción

8.31. *Regla de Sustitución:* Un enunciado puede sustituirse por una variable, pero ese mismo enunciado debe ser sustituido por todas las ocurrencias equiformes de las variables de la expresión.

8.32. *Regla de sustitución por definición:* En un enunciado una definición puede sustituirse por la expresión que define, y recíprocamente, sin ser sustituida por todas las ocurrencias equiformes de esa expresión.

8.33. *Regla de separación:* Si un enunciado compuesto de "*C*" seguido por dos enunciados es una ley del sistema, y si un enunciado equiforme con el primero de aquellos es una ley del sistema, puede establecerse como ley del sistema un enunciado equiforme con el segundo.

8.4. **Axiomas**

8.41. *CAppp* (cf. 5.15)

8.42. *CpApq* (cf. 6.26)

8.43. *CApqAqp* (cf. 5.22)

8.44. *CCpqCArpArq* (cf. 6.38)

8.5. **Deducción:**

8.44 *r*/*Nr* × 8.23 *p*/*r*, *q*/*p* × 8.23 *p*/*r* = 8.51

8.51. *CCpqCCrpCrq* (cf. 6.38)

Explicación: La línea de prueba o línea de derivación del teorema 8.51 debe leerse de la siguiente forma: Tomar el axioma 8.44; sustituir "*r*" por "*Nr*"; aplicar la definición 8.23 después de sustituir "*p*" por "*r*" y "*q*" por "*p*"; aplicar de nuevo la definición 8.23, pero sustituyendo en esta ocasión "*p*" por "*r*"; así obtendremos el teorema 8.51, que había que probar. Escribiéndolo sin abreviar, tenemos:

8.44. *CCpqCAr pAr q*
r/*Nr* (sustituir "*r*" por "*Nr*") *CCpqCANrpANrq*

8.23 *Cpq* = *ANpq*
p/*r* *Crq* = *ANrq*
q/*p* *Crp* = *ANrp*

Ahora podemos colocar "*Crp*" en vez de "*ANrp*" al escribir de nuevo 8.44, y tendremos:

CCpqC CrpANrq

8.23
p/*r* *Crp* = *ANrq*
Escribir "*Crq*" en vez de "*ANrq*": *CCpqC Crp Crq* (8.51)

8.51. *p*/*App*, *q*/*p*, *r*/*p* = C8.41 - C8.42 *q*/*p* - 8.52

8.52. *Cpp*

Explicación: Después de llevar a cabo las sustituciones indicadas al comienzo, obtenemos la expresión:

CCApppCCpAppCpp

compuesta de (1) "*C*", (2) "*CAppp*", que es una expresión equiforme con 8.41, (3) "*C*" seguida de (4) "*CpApp*", que es equiforme con 8.42, después de sustituir a "*q*" por "*p*", y (5) el teorema "*Cpp*", que se deduce mediante una doble aplicación de la regla de separación (8.33).

8.52 × 8.23 *q*/*p* = 8.53

8.53. *ANpp*

8.43 *p*/*Np*, *q*/*p* = *C*8.53 - 8.54

8.54. *ApNp*

8.54 *p*/*Np* × 8.23 *q*/*NNp* = 8.55

8.55. *CpNNp*

8.44. *p*/*Np*, *q*/*NNNp*, *r*/*p* = *C*8.55 *p*/*Np*, - *C*8.54 - 8.56

8.56. *ApNNNp*

8.43 *q*/*NNNp* × 8.23 *p*/*NNp*, *q*/*p* = *C*8.56 - 8.57

8.57. *CNNpp*

8.44 *q*/*NNp*, *r*/*Nq* = *C*8.55 - 8.58

8.58. *CANqpANqNNp*

8.51 *p*/*ANqNNp*, *q*/*ANNpNq*, *r*/*ANqp* =*C*8.43 *p*/*Nq*, *q*/*NNp* - *C*8.58 - 8.59

8.59. *CANqpANNpNq*

8.59 *p*/*q*, *q*/*p* × 8.23 × 8.23 *p*/*Nq*, *q*/*Np* = 8.60

8.60. *CCpqCNqNp*

8.41. *p*/*Np* × 8.23 *q*/*Np* = 8.61

8.61. *CCpNpNp*

8.51. *p*/*Apq*, *q*/*Aqp*, *r*/*p* = *C*8.43 - *C*8.42 - 8.62

8.62. *CpAqp*

8.62 *q*/*Nq* × 8.23 *p*/*q*, *q*/*p* = 8.63

8.63. *CpCqp*

8.63 *q*/*Np* = 8.64

8.64. *CpCNpp*

8.44 *p*/*r*, *q*/*Apr*, *r*/*q* = *C*8.62 *p*/*r*, *q*/*p* - 8.65

8.65. *CAqrAqApr*

8.44 *p*/*Aqr*, *q*/*AqApr*, *r*/*p* = *C*8.65 - 8.66

8.66. *CApAqrApAqApr*

8.51 *p*/*ApAqApr*, *q*/*AAqAprp*, *r*/*ApAqr* = *C*8.43 *AqApr* - *C*8.66 - 8.67

8.67. *CApAqrAAqAprp*

8.51 *p*/*Apr*, *q*/*AqApr*, *r*/*p* = *C*8.62 *p*/*Apr* - *C*8.42 *q*/*r* - 8.68

8.68. *CpAqApr*

8.44 *q*/*AqApr*, *r*/*AqApr* = *C*8.68 - 8.69

8.69. *CAAqAprpAAqAprAqApr*
8.51 *pAAqAprAqApr, q/AqApr, r/AAqAprp* = *C*8.41 *p/AqApr* - *C*8.69 - 8.70

8.70. *CAAqAprpAqApr*
8.51 *p/AAqAprp, q/AqApr, r/ApAqr* = *C*8.70 - *C*8.67 - 8.71

8.71. *CApAqrAqApr*
8.44 *p/Aqr, q/Arq, r/p* = C8.43 *p/q, q/r* = 8.72

8.72. *CApAqrApArq*
8.51 *p/ApArq, q/ArApq, r/ApAqr* = *C*8.71 *q/r, r/q* - *C*8.72 - 8.73

8.73. *CApAqrArApq*
8.51 *p/ArApq, q/AApqr, r/ApAqr* = *C*8.43 *p/r, q/Apq* - *C*8.73 - 8.74

8.74. *CApAqrAApqr*
8.51 *p/AqApr, q/AqArp, r/ApAqr* = *C*8.72 *p/q, q/p* - *C*8.71 - 8.75

8.75. *CApAqrAqArp*
8.51 *p/ArApq, q/ArAqp, r/ApAqr* = *C*8.72 *p/r, q/p, r/q* - *C*8.73 - 8.76

8.76. *CApAqrArAqp*

Historia: La axiomatización de la lógica de enunciados fue emprendida por Frege y Peano, y completada en los PM, en los que se utilizan cinco axiomas. Hilbert los redujo a cuatro, Łukasiewicz a tres, y Nicod a uno, muy abreviado posteriormente por Łukasiewicz y Sobocinski.

Referencias: El sistema que se expone en el § 8 es el de Hilbert-Ackerman, pero el método de deducción, que no es muy riguroso en los autores citados, ha sido reemplazado por el de Łukasiewicz. Las definiciones están basadas en un descubrimiento de Sheffer. Pueden encontrarse referencias sobre los sistemas desarrollados en los textos citados en el § 0. El uso de métodos verdaderamente rigurosos todavía no es muy frecuente en las obras de este tipo.

§ 9. UN SISTEMA DE LAS REGLAS DE DEDUCCION

La teoría que se expone en este capítulo muestra la posibilidad de transformar leyes lógicas en reglas metalógicas. En la práctica, las reglas, que nos dicen cómo hay que proceder en la deducción, son mucho más importantes que las leyes, que declaran lo que es, y no lo que puede hacerse. Por ejemplo, el *modus ponendo ponens* (6.42) declara que si $p \supset q$ y p, entonces q, pero no nos permite en absoluto pasar de la afirmación de "$q \supset q$" y de "p" a la afirmación de "q". Sin embargo, mediante algunos principios, una ley puede transformarse en regla. Ofrecemos a continuación estos principios sin justificarlos, aunque su justificación no es muy difícil.

9.1. Definiciones

9.11. "*Sistema 8*" en vez de: "sistema explicado en el § 8, y algunos teoremas de los §§ 5 y 6".

9.12. "*Expresión 8*" en vez de: "expresión del sistema 8".

9.13. "*Ley 8*" en vez de: "ley del sistema 8".

9.14. "*Regla 9*" en vez de: "regla que se obtiene mediante la aplicación de los principios del § 9 a las leyes 8".

9.2. Nombres de las expresiones 8:

9.21. "*Negación de X*" o "*no-X*" en vez de: "grupo compuesto de "*N*" y "*X*".

9.22. "*Alternación X-Y*" o "*alternación de X e Y*" en vez de: "grupo compuesto de "*A*", "*X*" e "*Y*".

9.23. "*Implicación X-Y*" o "*implicación de Y por X*" en vez de: "grupo compuesto por "*C*", "*X*" e "*Y*".

9.24. "*Disyunción X-Y*" o "*disyunción de X e Y*" en vez de: "grupo compuesto por "*D*", "*X*" e "*Y*".

9.25. "*Equivalencia X-Y*" o "*equivalencia de X e Y*" en vez de: "grupo compuesto por "*E*", "*X*" e "*Y*".

9.26. "*Conjunción X-Y*" o "*conjunción de X e Y*" en vez de: "grupo compuesto por "*K*", "*X*" e "*Y*".

Nota: Las letras "*X*" e "*Y*" son variables que sólo pueden ser sustituidas por los *nombres* de las expresiones 8.

9.3. **Reglas de traducción**

9.31. Si *X* es una ley 8, la expresión compuesta por (1) el nombre de *X* y (2) por "puede establecerse", es una regla 9.

9.32. Si la equivalencia de *X* e *Y* es una ley 8, la expresión de una regla 9 compuesta sucesivamente de (1) el nombre de *X*, (2) de "puede sustituirse por", (3) del nombre de *Y*, (4) de "y al revés".

9.33. Si la implicación *X-Y* es una ley 8, la expresión es una regla 9 que se compone sucesivamente de (1) "si", (2) del nombre de *X*, (3) de "se establece, entonces", (4) el nombre de *Y*, (5) "puede establecerse".

9.34. Si la implicación de la implicación *Y-Z* por *X* es una ley 8, entonces la expresión es una regla 9 compuesta sucesivamente por (1) "si", (2) el nombre de *X*, (3) "se establece y", (4) el nombre de *Y*, (5) "se establece, entonces" (6), "puede establecerse", (7) el nombre de *Z*.

9.35. Si la implicación de *Z* mediante la conjunción *X-Y* es una ley 8, entonces la expresión es una regla 9 compuesta sucesivamente por (1) "si", (2) el nombre de *X*, (3) "se establece, y", (4) el nombre de *Y*, (5) "se establece, entonces", (6), "puede establecerse", (7) el nombre de *Z*.

9.4. **Ejemplos de Reglas 9**

9.41. Podemos escribir *X* en lugar de la negación de la negación de *X* (5.12).

9.42. Podemos escribir *Y-X* en vez de la alternación *X-Y* (5.22).

9.43. Podemos escribir la conjunción de *no-X* y *no-Y* en vez de la negación de la alternación *X-Y*.

9.44. Podemos escribir la implicación *no-Y — no-X* en vez de la implicación *X-Y* (5.32).

9.45. Podemos escribir la implicación de la implicación *X-Z* mediante *Y* en vez de la implicación de la implicación *Y-Z* mediante *X* (5.33).

9.46. Si se establece *X*, puede establecerse la alternación *X-Y* (6.26).

9.47. Si se establece la implicación *X-Y* y se establece *X*, puede establecerse *Y* (6.42).

9.48. Si se establece la implicación *X-Y* y se establece la negación de *Y*, puede establecerse la negación de *X* (6.44).

9.5. **La notación esquemática y el método de Gentzen**

9.51. Las reglas 9 pueden representarse esquemáticamente traduciendo las expresiones utilizadas en 9.2 y en 9.3 de la forma que se indica a continuación:

9.511. "$—X$" en vez de: no-X".

9.512. "$X + Y$" en vez de: "alternación X-Y".

9.513. "$X \rightarrow Y$" en vez de: "implicación X-Y".

9.514. "$X = Y$" en vez de: "equivalencia X-Y".

9.515. "$X \mid Y$" en vez de: "disyunción X-Y".

9.516. "$X \times Y$" en vez de: "conjunción X-Y".

9.517. "$\vdash X$" en vez de: "se establece X".

9.5171. "$\vdash X \vdash Y$" en vez de: "se establece X y se establece Y".

9.518. "$X \infty Y$" en vez de: "podemos sustituir X por Y".

9.519. "$\frac{\vdash X}{\vdash Y}$" en vez de: "si se establece X, entonces puede establecerse Y".

Las reglas 9.42-48 pueden escribirse con esta notación (la correspondiente traducción tiene la misma cifra final en 9.52-58):

9.52. $X + Y \cdot \infty \cdot Y + X.$

9.53. $— \cdot X + Y \cdot \infty \cdot —X \times —Y.$

9.54. $X \rightarrow Y \cdot \infty \cdot —Y \rightarrow —X.$

9.55. $X \cdot \rightarrow \cdot Y \rightarrow Z : \infty : Y \cdot \rightarrow \cdot X \rightarrow Z.$

9.56. $\dfrac{\vdash X}{\vdash X + Y}$

9.57. $\dfrac{\vdash \cdot X \rightarrow Y \vdash X}{\vdash Y}$

9.58. $\dfrac{\vdash \cdot X \rightarrow Y \vdash —Y}{\vdash —Y}$

9.59. Estableciendo un pequeño número de reglas de este tipo (9.4 ó 9.5) puede construirse todo el sistema 8 sin axiomas y sin recurrir al método presentado en el § 3.

HISTORIA: Parece remontarse a Husserl la distinción entre leyes y reglas. Dingler destacó la necesidad de unas "reglas de procedimiento" para construir un cálculo. Es interesante saber que Aristóteles consideraba sus teoremas como leyes, en tanto que los Estoicos y los Escolásticos los tomaban como reglas. Los trabajos más notables sobre reglas son los de Gentzen (1934) y Jaśkowski (1934). La elaboración que hemos presentado de esta idea se basa en los últimos trabajos de los metalógicos (cf. § 26.3).

REFERENCIAS: Gentzen 1; Jaśkowski 1; Carnap 3; Feys 6; Popper.

III

La lógica de predicados y de clases

A. *La Lógica de Términos*

§ 10. SILOGISTICA

Este capítulo estudia el punto culminante de la lógica "clásica", la silogística, que es un sistema sencillo, pero muy importante en la práctica. Se trata de un sistema al que se ha denominado lógica de "términos": las variables que aparecen en él sólo pueden ser sustituidas por términos, y no por enunciados. Puede axiomatizarse sobre la base del cálculo de enunciados, con la ayuda de algunos axiomas especiales y con los "funtores silogísticos".

10.0. Términos Primitivos y Reglas

10.001. *Términos primitivos:* (a) todos los términos primitivos y definidos del sistema 8 (§ 8.11-12); (b) "*a*", "*b*" y "*m*" —variables nominales, es decir, variables que sólo pueden ser sustituidas por nombres; (c) los funtores diádicos "*A*" e "*I*" —son los funtores silogísticos, cuyos argumentos son las letras "*a*", "*b*" y "*m*".

Explicación: "*a*" se usará en vez del término mayor, "*b*" en vez del término menor, y "*m*" en vez del término medio. "*A*" e "*I*" (al igual que "*E*" y "*O*", cf. 10.01) tienen un significado semejante al de la lógica clásica, en la que indican la cantidad y la cualidad de una proposición Debe señalarse que "*A*" y "*E*" son aquí funtores *nominales* y, por ello, son completamente distintos de los definidos en el § 3. Para evitar confusiones, no usaremos en este capítulo los funtores *enunciativos* "*A*" y "*E*".

10.002. *Enunciados:* (1) Todos los enunciados del sistema 8. (2) Grupos compuestos por "*A*", "*E*", "*I*" u "*O*", y por dos de las letras "*a*", "*b*" y "*m*". (3) Enunciados del sistema 8 en los que las variables hayan sido sustituidas por enunciados.

10.003. *Reglas:* 8.31-32-33.

10.004. *Regla:* En vez de una variable "*a*", "*b*" o "*m*" podemos escribir "*a*", "*b*" o "*m*". Esta regla nos capacita para cambiar las letras.

Explicación: Al establecer esta regla, así como la 8.31, se señala frecuentemente que no deben sustituirse las variables por nombres de clases vacías (cf. 15.42). Sin embargo, debe indicarse respecto a esta cuestión que: (1) este problema no tiene nada que ver con la estructura del sistema 10, sino exclusivamente con su interpretación (cf. 7.53); de hecho, las reglas 8.31 y 10.004 no nos permiten sustituir las variables por expresiones distintas de los enunciados indicados en 10.002. (2) Este problema, conocido como el "problema de la clase nula o vacía", suscita cuestiones filosóficas y presenta una gran complejidad. Cf. las referencias.

10.1. Definiciones y Axiomas

10.01. "*Eba*" en vez de: "*NIba*".

10.02. "*Oba*" en vez de: "*NAba*".

Axiomas tomados del cálculo de enunciados:

10.03.	*Cpp*	Una forma del principio de identidad
10.04.	*CCpNqCqNp*	1.ª contraposición simple
10.05.	*CCpqCNqNp*	2.ª contraposición simple
10.06.	*CCpqCCqrCpr*	Principio del silogismo (hipotético)
10.07.	*CNNpp*	Doble negación
10.08.	*CCKpqrCKNrqNp*	1.ª ley de reducción indirecta
10.09.	*CCKpqrCCspCKsqr*	1.ª ley de reducción directa
10.10.	*CCKpqrCpCqr*	1.ª ley de exportación
10.11.	*CCKpqrCqCpr*	2.ª ley de exportación
10.12.	*CCKpqrCCsqCKpsr*	2.ª ley de reducción directa
10.13.	*CCKpqrCKpNrNq*	2.ª ley de reducción indirecta
10.14.	*CCKpqrCKqpr*	Conmutación silogística

Nota: Todos estos axiomas son teoremas demostrables en el cálculo de enunciados.

Axiomas especiales:

10.15. *Aaa* ("todos los *a* son *a*")
10.16 *Iaa* ("algunos *a* son *a*")
10.17. *CKAmaAbmAba* (Barbara)
10.18. *CKEmaIbmOba* (Ferio)

10.2. Cuadrado Lógico y Conversión

En las deducciones que se presentan a continuación, la parte entera del número ("10", en "10.20") se omitirán para simplificar las líneas de prueba. Lo mismo se hará con el cero cuando aparece en la parte decimal ("10.0" en "10.03"). En las pruebas, "I°" y "II°" indican a qué parte de la expresión debe aplicarse la definición.

Leyes de Contradicción

3 *p*/*Eba* × 1 II° = 20
10.20. *CEbaNIba*
3 *p*/*NIba* × 1 II° = 21
10.21. *CNIbaEba*
4 *p*/*Eba*, *q*/*Iba* = *C*20 - 22
10.22. *CIbaNEba*
5 *p*/*NIba*, *q*/*Eba* = *C*21 - (1)
(1) *CNEbaNNIba*
6 *p*/*NEba*, *q*/*NNIba*, *r*/*Iba* = *C*(1) - *C*7 *p*/*Iba* - 23
10.23. *CNEbaIba*
3 *p*/*Oba* × 2 II° = 24
10.24. *CObaNAba*
3 *p*/*Oba* × 2 I° = 25
10.25. *CNAbaOba*
4 *p*/*Oba*, *q*/*Aba* = *C*24 - 26
10.26. *CAbaNOba*
5 *p*/*NAba*, *q*/*Oba* = *C*25 - (1)
(1) *CNObaNNAba*
6 *p*/*NOba*, *q*/*NNAba*, *r*/*Aba* = *C*(1) - *C*7 *p*/*Aba* - 27
10.27. *CNObaAba*

Para probar las restantes leyes del cuadrado lógico y las de conversión, es necesario, primero, deducir *Datisi:*

8 *p*/*Eba*, *q*/*Imb*, *r*/*Oma* = *C*18 *b*/*m*, *m*/*b* - (1)
(1) *CKNOmaImbNEba*

9 *p/NOma, q/Imb/ r/NEba, s/Ama* = *C*(1) - *C*26 *b/m* - (2)

(2) *CKAmaImbNEba*

6 *p/KAmaImb, q/NEba, r/Iba* = *C*(2) - *C*23 - 30

10.30. *CKAmaImbIba* (Datisi)

10 *p/Abb, q/Iba, r/Iab* = *C*30 *a/b, b/a, m/b* - *C*15 *a/b* - 31

10.31. *CIbaIab*

11 *p/Aba, q/Ibb, r/Iba* = *C*30 *m/b* - *C*16 *a/b* - 32

10.32. *CAbaIba*

6 *p/Aba, q/Iba, r/Iab* = *C*32 - *C*31 - 33

10.33. *CAbaIab*

5 *p/Iab, q/Iba* × 1 × 1 *a/b, b/a* = *C*31 *a/b, b/a* - 34

10.34. *CEbaEab*

5 *p/Aba, q/Iba* × 1 × 2 = *C*32 - 35

10.35. *CEbaOba*

6 *p/Eba, q/Eab, r/Oab* = *C*34 - *C*35 *a/b, b/a* - 36

10.36. *CEbaOab*

5 *p/Aba, q/Iba* = *C*32 - 37

10.37. *CNIbaNAba*

5 *p/Eba, q/Oba* = *C*35 - 38

10.38. *CNObaNEba*

6 *p/Aba, q/NOba, r/NEba* = *C*26 - *C*38 - 39

10.39. *CAbaNEba*

6 *p/Eba, q/NIba, r/NAba* = *C*20 - *C*37 - 40

10.40. *CEbaNAba*

6 *p/NIba, q/NAba, r/Oba* = *C*37 - *C*25 - 41

10.41. *CNIbaOba*

6 *p/NOba, q/NEba, r/Iba* = *C*38 - *C*23 - 42

10.42. *CNObaIba*

Además de las leyes de conversión (10.31-33-34-36), existen otras de obversión, contraposición, etc., que se estudian frecuentemente. Estas pueden deducirse en el sistema añadiendo dos axiomas y algunas definiciones, pero, puesto que su importancia teórica y práctica es escasa, las hemos omitido.

10.5. Los modos del silogismo

6 *p/KAmaAbm, q/Aba, r/Iba* = *C*17 - *C*32 - 50

10.50 *CKAmaAbmIba* (Barbari)

12 *p/Ama, q/Imb/ r/Iba, s/Ibm* = *C*30 - *C*31 *a/m* - 51

10.51. *CKAmaIbmIba* (Darii)

9 *p/Ema, q/Ibm, r/Oba, s/Eam* = *C*18 - *C*34 *a/m, b/a* - 52

10.52. *CKEamIbmOba* (Festino)

13 *p/Ema, q/Iba, r/Obm* × 1 = *C*52 *a/m, m/a* - (1)

(1) *CKEmaNObmEba*

12 *p/Ema, q/NObm, r/Eba, s/Abm* = *C*(1) - *C*26 *a/m* - 53

10.53. *CKEmaAbmEba* (Celarent)

6 *p/KEmaAbm, q/Eba, r/Oba* = *C*53 - *C*35 - 54

10.54. *CKEmaAbmOba* (Celaront)

13 *p/Aam, q/Aba, r/Abm* × 2 *a/m* × 2 = *C*17 *a/m, m/a* - 55

10.55. *CKAamObmOba* (Baroco)

9 *p/Ema, q/Abm, r/Eba, s/Eam* = *C*53 - *C*34 *a/m, b/a* - 56

10.56. *CKEamAbmEba* (Cesare)

6 *p/KEamAbm, q/Eba, r/Oba* = *C*56 - *C*35 - 57

10.57. *CKEamAbmOba* (Cesaro)

14 *p/Ema, q/Abm, r/Eba* = *C*53 - (1)

(1) *CKAbmEmaEba*

12 *p/Aam, q/Emb, r/Eab, s/Ebm* = *C*(1) *a/b, b/a* - *C*34 *a/m* - (2)

(2) *CKAamEbmEab*

6 *p/KAamEbm, q/Eab, r/Eba* = *C*(2) - *C*34 *a/b, b/a* - 58

10.58. *CKAamEbmEba* (Camestres)

6 *p/KAamEbm, q/Eba, r/Oba* = *C*58 - *C*35 - 59

10.59. *CKAamEbmOba* (Camestrop)

8 *p/Aba, q/Amb, r/Ama* × 2 *b/m* × 2 = *C*17 *b/m, m/b* - 60

10.60. *CKOmaAmbOba* (Bocardo)

14 *p/Amb, q/Ima, r/Iab* = *C*30 *a/b, b/a* - (1)

(1) *CKImaAmbIab*

6 *p/KImaAmb, q/Iab, r/Iba* = *C*(1) - *C*31 *a/b, b/a* - 61

10.61. *CKImaAmbIba* (Disamis)

12 *p/Ama, q/Imb, r/Iba, s/Amb* = *C*30 - *C*32 *a/b, b/m* - 62

10.62. *CKAmaAmbIba* (Darapti)

12 *p/Ema, q/Ibm, r/Oba, s/Imb* = *C*18 - *C*31 *a/b, b/m* - 63

10.63. *CKEmaImbOba* (Ferison)

12 *p/Ema, q/Ibm, r/Oba, s/Amb* = *C*18 - *C*33 *a/b, b/m* - 64

10.64. *CKEmaAmbOba* (Felapton)

12 *p/Eam, q/Ibm, r/Oba, s/Imb* = *C*52 - *C*31 *a/b, b/m* - 65

10.65. *CKEamImbOba* (Fresison)

12 *p/Eam, q/Ibm, r/Oba, s/Amb* = *C*52 - *C*33 *a/b, b/m* - 66

10.66. *CKEamAmbOba* (Fesapo)

9 *p/Ima, q/Amb, r/Iba, s/Iam* = *C*61 - *C*31 *a/m, b/a* - 67

10.67. *CKIamAmbIba* (Dimaris)

9 *p/Ima, q/Amb, r/Iba, s/Aam* = *C*61 - *C*33 *a/m, b/a* - 68

10.68. *CKAamAmbIba* (Bamalip)

12 *p/Aam, q/Ebm, r/Eba, s/Emb* = *C*58 - *C*34 *a/b, b/m* - 69

10.69. *CKAamEmbEba* (Camenes)

6 *p/KAamEmb, q/Eba, r/Oba* = *C*69 - *C*35 - 70

10.70. *CKAamEmbOba* (Camenop)

HISTORIA: La doctrina silogística es un descubrimiento de Aristóteles. Fue completada por sus seguidores inmediatos y por los Escolásticos, a quienes debemos las palabras mnemotécnicas ("Barbara, Celarent, etc."). Łukasiewicz emprendió en 1929 una axiomatización rigurosa de la silogística.

REFERENCIAS: La mejor exposición no matemática es la de Keynes. Historia: Bocheński 7, 8. Axiomatización: Łukasiewicz 3, 7; Bocheński 3, 5; Thomas 2, 3, 4; Wedberg; Menne 4. Otros métodos: Adjukiewicz 1; Black 2; Curry 3; Feys 5; Greenwood; Miller; Moisil 2.

B. *La Lógica de Predicados*

§ 11. PREDICADOS MONADICOS

Mientras que la silogística (cf. § 10) analiza el enunciado en sujeto y predicado, considerándolos como argumentos de un funtor diádico "*A*", "*I*", "*E*" u "*O*", la lógica de predicados monádicos considera al predicado como un funtor y al sujeto como su argumento. La cantidad de la expresión se indica mediante una expresión especial, llamada el "cuantificador". Ontológicamente hablando, podemos decir que nos estamos ocupando de "individuos", "propiedades", y de la extensión en que las "propiedades" se aplican a los "individuos", es decir, de su "cantidad". Pero, hablando en sentido lógico, consideramos al predicado sólo como un funtor nominal que, teniendo como argumento a un nombre, forma un enunciado cuya cantidad se indica mediante el "cuantificador".

11.1. Definiciones

11.11. "*Constante individual*" en vez de: «la letra "*a*", "*b*", "*c*" o "*d*"».

11.12. "*Variable individual*" en vez de: «la letra "*x*", "*y*", "*z*" o "*t*"».

11.13. "*Funtor individual*" en vez de: «la letra "φ", "ψ", "χ" o "θ"».

11.14. "*Enunciado individual*" en vez de: "una expresión compuesta por un funtor individual y constantes individuales".

Explicación: "φa" es un enunciado individual que se lee "φ de *a*", y que significa que el individuo φ tiene la propiedad *a*.

11.15. "*Matriz*" en vez de: "un funtor individual seguido por variables individuales".

Explicación: "φx" es una matriz. No es un enunciado, sino que puede llegar a serlo si la variable se sustituye por una constante individual o si se cuantifica la expresión.

11.2. Cuantificadores

11.21. "*Cuantificador universal*" en vez de: "una o más variables, separadas por comas, encerradas entre paréntesis (en la notación de Peano-Russell), o precedidas de "*Π*" (en la notación de Łukasiewicz), colocando toda esta secuencia delante de una matriz".

Explicación: En "$(x)\varphi x$" o en "$\Pi x\varphi x$" el cuantificador universal es "(x)" o "Πx". Se lee "para todo x: φ de x"; por ejemplo, si "φ" es "fuma", tendremos: "para todo x: fuma de x", es decir, "cada cosa fuma". Hay que señalar que si la matriz se cuantifica de esta forma, se convierte en un enunciado, puesto que es verdadero o falso.

11.22. "*Cuantificador existencial*" en vez de: "«E» seguido de una o más variables, separadas por comas, entre paréntesis (en la notación de Peano-Russell) o precedidas por una "Σ" (en la notación de Łukasiewicz), colocándose toda la secuencia delante de una matriz".

Explicación: en "$(Ex)\varphi x$" o en "$\Sigma x\varphi x$", el cuantificador existencial es ("Ex") o "Σx". Se lee: "Existe al menos un x tal que φ de x"; por ejemplo, si "φ" es "fuma", tendremos "existe al menos un x tal que fuma de x", es decir, "existe un ente que fuma".

N.B. En los PM, el "E" del cuantificador existencial está colocado al revés, esto es, ("$\exists$").

11.23. "*Cuantificador*" en vez de: "cuantificador universal o cuantificador existencial".

11.3. Variables Libres y Variables Ligadas

11.31. "*Variable libre*" o "*variable real*" en vez de: "variable que se encuentra en una matriz que no va precedida por un cuantificador que contenga una letra de la misma forma".

Ejemplo: La variable "x" en "$\varphi x \supset \psi x$".

11.32. "*Variable ligada*" o "*variable aparente*" en vez de: "variable que se encuentra en una matriz que va precedida por un cuantificador que contiene una letra con la misma forma que la variable".

Ejemplo: "x" es una variable ligada en: "$(x)\varphi x \supset \psi x$", puesto que la matriz correspondiente lleva delante "(x)".

11.33. *Regla:* Una variable ligada no puede sustituirse.

11.34. "X está ligada por el cuantificador Y" en vez de: "X es una variable que forma parte de una matriz que va precedida por Y, e Y contiene una letra con la misma forma que X".

11.35. *Regla:* Ninguna variable puede estar ligada por más de un cuantificador.

11.36. "*Clausura universal de X*" o "*universalización de X*" en vez de: "una expresión con la misma forma que X, que va precedida de cuantificadores universales que ligan todas las variables de *X*, en donde *X* es una matriz".

11.37. "*Clausura existencial de X*" o "*particularización de X*" en vez de: "una expresión de la misma forma que *X*, que va precedida por cuantificadores existenciales que ligan todas las variables de *X*, siendo *X* una matriz".

11.38. "*Clausura de X*" o "*generalización de X*" en vez de: "universalización o particularización de *X*".

Ejemplos: "$(x)\varphi x$" es una clausura universal, o universalización, de "φx". ("$Exy) \cdot \varphi x \cdot \psi y$". Ambas expresiones son generalizaciones.

Explicación: Una clausura no es una matriz, sino un enunciado; sus variables no pueden sustituirse; la clausura posee un valor, en tanto que la matriz no lo posee. Todas las leyes de 8 deberían ir precedidas de cuantificadores; se han omitido porque en la lógica de enunciados todos los cuantificadores son universales, y no existe el peligro de errar. No obstante, incluso en este dominio es posible construir una teoría con cuantificadores existenciales.

11.39. "*Implicación formal*" en vez de: "clausura universal compuesta por una matriz, "$\supset$", y otra matriz, siendo las variables de la primera matriz de la misma forma que las de la segunda".

Ejemplo: "$(x) \cdot \varphi x \supset \psi x$".

Explicación: Una implicación formal (con funtores constantes) corresponde más o menos al enunciado universal afirmativo del lenguaje ordinario: "Todos los lógicos fuman en pipa" puede escribirse: "$(x) \cdot$ lógico $(x) \supset$ fumador de pipa (x)". Así, pues, hay que distinguir tres implicaciones: implicación material (3.5), implicación formal (11.39) e implicación inferencial (7.48).

Historia: Aristóteles elaboró el análisis de un enunciado en funtor-predicado y su argumento, y también la implicación formal: el primero se desarrolló y utilizó en lógica modal en tiempos de Alberto Magno. Sin embargo, la idea de presentar el enunciado como una función, utilizando continuamente cuantificadores, y la elaboración de una notación apropiada, fue obra de Frege (Frege 1). Esto representó un avance decisivo en la elaboración de la lógica formal tal y como hoy la conocemos. Recientemente, Schönfinkel y Curry, con su lógica "combinatoria" (cf. § 26.2), han dado un fuerte impulso al desarrollo de esta teoría.

Referencias: En todos los buenos textos se pueden encontrar la teoría clásica del cálculo de predicados y la enumeración de sus leyes, sobre todo en los PM *9-*10.

§ 12. LEYES DE LOS PREDICADOS MONADICOS

En este capítulo se presentan, sin demostración, las leyes más fundamentales de la lógica de predicados monádicos. Estas leyes forman la base de las teorías lógicas subsiguientes.

En este capítulo y en los siguientes usaremos de vez en cuando un número de puntos mayor del que es estrictamente necesario, con vistas a hacer más fácil su comprensión.

12.1. **Principio metodológico**

Todas las leyes de predicados monádicos pueden deducirse a partir de las leyes 8, junto con las dos definiciones siguientes:

12.11. "$(x)\varphi x$" en vez de: "$\varphi a \cdot \varphi b \cdot \varphi c \cdot \varphi d \cdot \ldots$",

12.12. "$(Ex)\varphi x$" en vez de: "$\varphi a \vee \varphi b \vee \varphi c \vee \varphi d \vee \ldots$", en donde se considera que el número de argumentos es indefinido.

Explicación: 12.11 da por supuesto que "todos los x poseen la propiedad φ" significa lo mismo que "*a* posee la propiedad φ, y *b* la posee, y *c*, etcétera". 12.12 dice que "algún x posee la propiedad φ" significa que "*a* posee la propiedad φ, o la posee *b*, o *c*, etc.". Estas definiciones se encuentran con dificultades lógicas muy graves, puesto que la noción de "etc." es muy complicada, y no puede definirse sin recurrir a expresiones del tipo usado en esta ocasión. Pero en la práctica son muy útiles. Además, la mayor parte de las leyes de predicados pueden deducirse mediante definiciones aún más restringidas:

"$(x)\varphi x$" en vez de: "$\varphi a \cdot \varphi b$"
"$(Ex)\varphi x$" en vez de: "$\varphi a \vee \varphi b$".

De hecho, todos los enunciados deducidos a partir de estas definiciones mediante las reglas 9 son verdaderos, en tanto que no se introducen constantes individuales.

12.2. **Negación de predicados monádicos cuantificados**

12.21.	$(x)\varphi x \equiv \sim (Ex) \sim \varphi x$	$E\Pi x\varphi xN\Sigma xN\varphi x$
12.22.	$\sim (x)\varphi x \equiv (Ex) \sim \varphi x$	$EN\Pi x\varphi x\Sigma xN\varphi x$
12.23.	$(x) \sim \varphi x \equiv \sim (Ex)\varphi x$	$E\Pi xN\varphi xN\Sigma x\varphi x$
12.24.	$\sim (x) \sim \varphi x \equiv (Ex)\varphi x$	$EN\Pi xN\varphi x\Sigma x\varphi x$

12.25. *Regla:* El valor del enunciado no cambia si se niegan todos los cuantificadores y matrices, y se sustituyen los cuantificadores universales por cuantificadores existenciales, y a la inversa.

12.3. Leyes fundamentales.

12.31. $(x)\varphi x \supset \varphi y$ $\quad$ $C\Pi x\varphi x\varphi y$

12.32. $\varphi y \supset (Ex)\varphi x$ $\quad$ $C\varphi y\Sigma x\varphi x$

12.33. $(x)\varphi x \supset (Ex)\varphi x$ $\quad$ $C\Pi x\varphi x\Sigma x\varphi x$

Explicación: 12.31 significa "si φ (universalmente) de todo *x*, entonces φ de *y*". Esta ley se deduce a partir de 12.11, mediante 6.27. 12.32 significa: "si φ de *y*, entonces existe al menos un *x* tal que φ de *x*"; se deduce a partir de 12.12 mediante 6.26. 12.33 es la tan conocida ley de subalternación, que se obtiene mediante la ley del silogismo (6.31 ss.) a partir de 12.31 y de 12.32.

12.34. Las leyes 12.31-32, añadidas como axiomas al sistema 8, junto con algunas nuevas definiciones y reglas, bastan para establecer el sistema axiomático de predicados.

12.4. Reglas de deducción

12.41. El cuantificador universal, colocado al principio de un enunciado establecido, puede omitirse si afecta a todas las expresiones del enunciado en cuestión.

12.411. Si se ha establecido la clausura universal de la matriz *X*, puede establecerse la expresión formada al sustituir las variables de *X* por constantes (12.31).

Ejemplo: Tomemos "todos los *x* son mortales", es decir, "(*x*) mortal *x*", como ya establecido. Entonces, mediante 12.31, puede establecerse el enunciado "Pedro es mortal".

12.42. Si se establece la matriz *X*, puede establecerse la clausura existencial de *X* (12.32).

12.421. Si se establece el enunciado individual *X*, puede establecerse la clausura existencial de la matriz formada al sustituir las constantes de *X* por variables (12.32).

Ejemplo: Tomemos el enunciado individual "Pedro fuma", es decir, "fuma (Pedro)". Mediante 12.32, puede establecerse "(*Ex*) fuma *x*", es decir, el enunciado "hay un *x* que fuma".

12.43. Si se establece la clausura universal de *X*, puede establecerse la clausura existencial de *X* (12.33).

12.44. Si se establece la matriz *X*, puede establecerse la clausura universal de *X*.

Explicación: 12.44 no está fundada sobre ninguna ley, como lo están 12.41-42-43. Pero puede fundamentarse mediante la aplicación del método 12.1, o mediante esta consideración: "φx" establece que φx pertenece a un x; entonces, φ pertenece a todo x, que es lo que expresa "$(x)\varphi x$".

12.5. **Leyes análogas**

12.51. "X es una expresión análoga (12.5) a Y" en vez de: "X es una expresión formada a partir de Y sustituyendo "φx" por "p", "ψx" por "q", "r" por "χx", y "s" por "θx", y colocando delante "(x)" o "Πx".

12.52. Toda expresión análoga a una ley 8 es una ley.

12.53. $(x) \cdot \varphi x \equiv \varphi x$ — $\Pi x E \varphi x \varphi x$

Principio de identidad en lógica de predicados (cf. 5.11)

12.54. $(x) \cdot \varphi x \mid \sim \varphi x$ — $\Pi x D \varphi x N \varphi x$

12.55. $(x) : \sim \cdot \varphi x \cdot \sim \varphi x$ — $\Pi x N K \varphi x N \varphi x$

Principio de no-contradicción en lógica de predicados (cf. 6.11-12)

12.56. $(x) \cdot \varphi x \vee \sim \varphi x$ — $\Pi x A \varphi x N \varphi x$

Principio de tercero excluído en lógica de predicados (6.13)

12.57. $(x) : \cdot \varphi x \supset \psi x : \supset : \psi x \supset \chi x \cdot \supset \cdot \varphi x \supset \chi x$

$\Pi x C C \varphi x \psi x C C \psi x \chi x C \varphi x \chi x$

(cf. 6.32)

Principio del silogismo en lógica de predicados

12.58. $(x) : \varphi x \supset \psi x \cdot \varphi x \cdot \supset \cdot \psi x$ — $\Pi x C K C \varphi x \psi x \varphi x \psi x$

Modus ponendo ponens en lógica de predicados (cf. 6.42).

12.6. **Leyes de movimiento de cuantificadores**

12.61. $(x) \cdot \varphi x \cdot \psi x \cdot \equiv \cdot (\chi)\varphi x \cdot (x)\psi x$ — $E \Pi x K \varphi x \psi x K \Pi x \varphi x \Pi x \psi x$

Ejemplo: Si todos los hombres son mamíferos y bípedos, entonces todos los hombres son mamíferos y todos los hombres son bípedos. La inversa es verdadera.

12.62. $(Ex) \cdot \varphi x \cdot \psi x \cdot \supset \cdot (Ex)\varphi x \cdot (Ex)\psi x$ $\quad E\Sigma xK\varphi x\psi xK\Sigma x\varphi x\Sigma x\psi x$

Ejemplo: Si existe un hombre que es lógico y fumador de pipa, existe un hombre que es lógico y existe un hombre que es fumador de pipa; la inversa no es verdadera.

12.63. $(Ex) \cdot \varphi x \vee \psi x \cdot \equiv \cdot (Ex)\varphi x \vee (Ex)\psi x$ $\quad E\Sigma xA\varphi x\psi xA\Sigma x\varphi x\Sigma x\psi x$

12.64. $(x)\varphi x \cdot \vee \cdot (x)\psi x : \supset : (x) \cdot \varphi x \vee \psi x$ $\quad CA\Pi x\varphi x\Pi x\psi x\Pi xA\varphi x\psi x$

Ejemplo: Si todas las locomotoras son grandes o todas las locomotoras son pequeñas, todas las locomotoras son grandes o pequeñas. La inversa no es verdadera.

12.65. $(x) \cdot \varphi x \supset \psi x : \supset : (x)\varphi x \cdot \supset \cdot (x)\psi x$ $\quad C\Pi xC\varphi x\psi xC\Pi x\varphi x\Pi x\psi x$

12.66. $(x) \cdot \varphi x \equiv \psi x : \supset : (x)\varphi x \cdot \equiv \cdot (x)\psi x$ $\quad C\Pi xE\varphi x\psi xE\Pi x\varphi x\Pi x\psi x$

La inversa no es verdadera.

Las leyes que, bajo el epígrafe 12.7, se indican a continuación, tratan del movimiento del cuantificador cuando existe un enunciado "*p*" que no contiene a "*x*".

12.71. $(x) \cdot \varphi x \vee p : \equiv : (x)\varphi x \cdot \vee \cdot p$ $\quad E\Pi xA\varphi xpA\Pi x\varphi xp$

12.72. $(Ex) \cdot \varphi x \vee p : \equiv : (Ex)\varphi x \cdot \vee \cdot p$ $\quad E\Sigma xA\varphi xpA\Sigma x\varphi xp$

12.73. $(x) \cdot p \supset \varphi x : \equiv : p \cdot \supset \cdot (x)\varphi x$ $\quad E\Pi xCp\varphi xCp\Pi x\varphi x$

12.74. $(Ex) \cdot p \supset \varphi x : \equiv : p \cdot \supset \cdot (Ex)\varphi x$ $\quad E\Sigma xCp\varphi xCp\Sigma x\varphi x$

Por otra parte, tenemos:

12.75. $(x) \cdot \varphi x \supset p : \equiv : (Ex)\varphi x \cdot \supset \cdot p$ $\quad E\Pi xC\varphi xpC\Sigma x\varphi xp$

12.76. $(Ex) \cdot \varphi x \supset p : \equiv : (x)\varphi x \cdot \supset \cdot p$ $\quad E\Sigma xC\varphi xpC\Pi x\varphi xp$

Explicación: El aspecto paradójico de estas últimas leyes, mediante las cuales obtenemos la equivalencia de enunciados universales y existenciales, desaparece si tenemos en cuenta 12.21, 12.22 y 5.311.

12.8. Leyes silogísticas

12.81. $(x) \cdot \varphi x \supset \psi x : (x) \cdot \chi x \supset \varphi x : \supset : (x) \cdot \chi x \supset \psi x$
$CK\Pi xC\varphi x\psi x\Pi xC\chi x\varphi x\Pi xC\chi x\psi x$ (cf. 10.17)

12.82. $(x) \cdot \varphi x \supset \psi x : (Ex)\varphi x : \supset : (Ex)\psi x$
$CK\Pi xC\varphi x\psi x\Sigma x\varphi x\Sigma x\psi x$ (cf. 10.51)

12.83. $(x) \cdot \varphi x \supset \psi x : (Ex) \sim \psi x : \supset : (Ex) \sim \varphi x$
$CK\Pi xC\varphi x\psi x\Sigma xN\psi x\Sigma xN\varphi x$ (cf. 10.55)

12.84. $(x) \cdot \varphi x \vee \psi x : (Ex) \sim \varphi x : \supset : (Ex) \psi x$
$CK\Pi x A \varphi x \psi x \Sigma x N \varphi x \Sigma x \psi x$ (cf. 6.52)

12.85. $(x) \cdot \varphi x \mid \psi x : (Ex) \varphi x : \supset \cdot (Ex) \sim \psi x$
$CK\Pi x D \varphi x \psi x \Sigma x \varphi x \Sigma x N \psi x$ (cf. 6.54)

12.86. $(x) \cdot \varphi x \equiv \psi x : (Ex) \varphi x : \supset : (Ex) \psi x$
$CK\Pi x E \varphi x \psi x \Sigma x \varphi x \Sigma x \psi x$

12.87. $(x) \cdot \varphi x \equiv \sim \psi x : (Ex) \varphi x : \supset : (Ex) \sim \psi x$
$CK\Pi x E \varphi x N \psi x \Sigma x \varphi x \Sigma x N \psi x$

12.9. Leyes con constantes individuales

12.91. $(x) \cdot \varphi x \supset \psi x : \varphi a : \supset : \psi a$ $CK\Pi x C \varphi x \psi x \varphi a \psi a$

Explicación: Tanto 12.81 como 12.91 recibían en la lógica tradicional el nombre de *Barbara* (10.17), aunque existe una considerable diferencia entre ellas.

12.92. $(x) \cdot \varphi x \supset \psi x : \sim \psi a : \supset : \sim \varphi a$ $CK\Pi x C \varphi x \psi x N \psi a N \varphi a$

Explicación: 12.92 es otra forma de *Baroco* (10.55); cf. 12.83.

12.93. $(x) \cdot \varphi x \vee \psi x : \sim \varphi a : \supset : \psi a$ $CK\Pi x A \varphi x \psi x N \varphi a \psi a$ (cf. 12.84)

12.94. $(x) \cdot \varphi x \mid \psi x : \varphi a : \supset : \sim \psi a$ $CK\Pi x D \varphi x \psi x \varphi a N \psi a$ (cf. 12.85)

12.95. $(x) \cdot \varphi x \equiv \psi x : \varphi a : \supset : \psi a$ $CK\Pi x E \varphi x \psi x \varphi a \psi a$ (cf. 12.86)

12.96. $(x) \cdot \varphi x \equiv \sim \psi x : \varphi a : \supset : \sim \psi a$ $CK\Pi x E \varphi x N \psi x \varphi a N \psi a$ (cf. 12.87)

12.97. La teoría explicada en este capítulo recibe el nombre de "cálculo de predicados de primer orden" o "cálculo elemental". Existe también un "cálculo superior" que se ocupa de los predicados de predicados, y en el cual los mismos predicados se cuantifican. Este cálculo, aunque es indispensable para el análisis, todavía no se ha desarrollado formalmente.

REFERENCIAS: PM, Scholz 5; Hilbert A, Hilbert B; sobre 12.97: Hilbert A; Chwistek 3; Ackermann 1; Bernays 1; Quine 5.

§ 13. PREDICADOS DIADICOS

Tanto en la ciencia como en la vida cotidiana empleamos frecuentemente predicados diádicos (por ejemplo, "Isidoro se fuma una pipa") y, lo que es aún más importante, con los dos argumentos cuantificados, como sucede en el enunciado "existen hombres que aman todas las cosas vivientes". La teoría de estos predicados se obtiene fácilmente partiendo de la base proporcionada por el § 12.

13.1. **Definiciones**

13.11. "$\varphi(x, y)$" en vez de: "φ de x e y".

13.12. "$(x, y)\varphi x(x, y)$" en vez de: "$(x) \cdot (y)\varphi(x, y)$".
"$\Pi xy\varphi yx$" en vez de: "$\Pi x\Pi y\varphi xy$".

13.13. "$(Ex, y)\varphi(x, y)$ en vez de: "$(Ex) \cdot (Ey)\varphi(x, y)$".
"$\Sigma xy\varphi xy$" en vez de: "$\Sigma x\Sigma y\varphi xy$".

13.14. "$(x)(Ey)\varphi(x, y)$" en vez de: "$(x) \cdot (Ey)\varphi(x, y)$".

13.15. "$(Ex)(y)\varphi(x, y)$" en vez de: "$(Ex) \cdot (y)\varphi(x, y)$".

13.2. **Leyes de movimiento de cuantificadores**

13.21. $(x, y)\varphi(x, y) \cdot \equiv \cdot (y, x)\varphi(x, y)$ $\quad E\Pi xy\varphi xy\Pi yx\varphi xy$

13.22. $(Ex, y)\varphi(x, y) \cdot \equiv \cdot (Ey, x)\varphi(x, y)$ $\quad E\Sigma xy\varphi xy\Sigma yx\varphi xy$

13.23. *Regla:* Si los cuantificadores de un enunciado que afectan a los argumentos del mismo funtor individual son todos universales o todos existenciales, puede cambiarse su orden sin cambiar el valor del enunciado.

13.24. $(Ex)(y)\varphi(x, y) \cdot \supset \cdot (y)(Ex)\varphi(x, y)$ $\quad C\Sigma x\Pi y\varphi xy\Pi y\Sigma x\varphi xy$

Explicación: Esta ley sólo es una implicación, y no una equivalencia, puesto que su inversa:

$$(x)(Ey)\varphi(x, y) \cdot \supset \cdot (Ey)(x)\varphi(x, y)$$

es falsa, como puede comprobarse en el ejemplo siguiente. Sea "$\varphi(x, y)$" una forma abreviada de "x se parece a y". Entonces, "$(x)(Ey)\varphi(x, y)$" se lee: "para todo x, existe al menos un y tal que x se parece a y", es decir, "todo tiene algo que se le parece". Pero "$(Ey)(x)\varphi(x, y)$" se lee: "existe al menos un y tal que, para todo x, x se parece a y", es decir, "existe al menos una cosa que se parece a algo". El primer enunciado parece ser verdadero, mientras que el segundo es claramente falso.

13.3. Leyes análogas

13.31. "X es una expresión análoga (13.3) a Y" en vez de: "X es una expresión que se ha formado sustituyendo todos los "x" de Y por "(x, y) en los argumentos y por "x, y" en los cuantificadores".

13.32. Toda expresión análoga (13.3) a una ley del § 12 es una ley.

13.33. *Regla:* Construyendo una definición semejante a 13.31 para el caso de funtores triádicos y superiores, puede formularse una regla del mismo tipo para establecer leyes análogas en el caso de estos predicados.

HISTORIA: Parece que la primera aparición de la lógica de predicados diádicos ha sido en la obra de Frege y Peano. Esta teoría es una de las adquisiciones más importantes de la lógica matemática.

REFERENCIAS: Hilbert A; PM *11; y otros textos diversos.

§ 14. IDENTIDAD Y DESCRIPCION

En este capítulo se presentan en forma conjunta dos teorías bastante diferentes. La de identidad sirve de preámbulo a la lógica de clases y desempeña un importante papel en los desarrollos lógicos complementarios; esta teoría estudia la noción "x es lo mismo que y". La teoría de la descripción es una especie de gramática lógica del artículo definido, "el". Nos permite formular y axiomatizar expresiones como "el x tal que". Tiene gran importancia en la lógica aplicada.

14.1. Identidad

14.11. "$x = y$" en vez de: "x es idéntica a y".

Explicación: Una identidad puede definirse así:

"$x = y$" en vez de: "$(\varphi) \cdot \varphi x \supset \varphi y$".

Pero esta definición, basada sobre el *principio de los indiscernibles* de Leibniz, y llamada "tesis de extensionalidad", encierra grandes dificultades al aplicar la lógica a otros dominios. Por ello, es preferible introducir la identidad como un término primitivo o no definido:

14.12. "$x \neq y$" en vez de: "$\sim \cdot x = y$".

Explicación: 14.12 define la diversidad.

14.13. $(x) \cdot x = x$.

Explicación: 14.13 es otra formulación del principio de identidad (cf. 5.11 y 12.53).

14.14. $(x, y) : x = y \cdot \equiv \cdot y = x$.

14.15. $(x, y, z) : x = y \cdot y = z \cdot \supset \cdot x = z$.

Explicación: Estas tres leyes formulan las principales características de la identidad: ésta es reflexiva (14.13), simétrica (14.14) y transitiva (14.15). Cf. § 22.

14.16. "xIy" en vez de: "$x = y$".

14.17. "xJy" en vez de: "$x \neq y$".

14.18. $(x, y) : x = y \cdot \supset \cdot (\varphi) \cdot \varphi x \supset \varphi y$.

Explicación: Si x e y son idénticas, y posee todos los predicados de x.

14.2. Descripciones

14.21. "*Descripción*" en vez de: "una matriz monádica precedida de "$\imath$" (una iota invertida) y una variable de la misma forma que la de la matriz entre paréntesis".

14.22. "$(\imath x)(\varphi x)$" en vez de: "el x tal que φx". *Descripción.*

Explicación: El funtor de descripción "$(\imath x)$" se asemeja al cuantificador en que sólo tiene una matriz como argumento. Con él se forma un nombre individual.

Ejemplos: si "φ" es "autor de *Quo Vadis*", entonces "$(\imath x)(\varphi x)$" será "el autor de *Quo Vadis*". De la misma forma podríamos escribir "el cuadrado de 9", "el primer rey de Hungría", "el automóvil de Juan".

14.23. "$E!(\imath x)(\varphi x)$" en vez de: "$(Eb)(x):\varphi x \cdot \equiv \cdot x = b:\varphi b$".

Explicación: Según la definición anterior, "$E!(\imath x)(\varphi x)$" significa que la cosa que se describe mediante "$(\imath x)(\varphi x)$" existe y es única; "(Eb)" nos dice que existe; y es única, puesto que, según la definición, todo x que posea la propiedad φ es idéntico a este b. Carece de significado describir mediante "el", artículo determinado, una clase que tiene más de un elemento; por ejemplo, la expresión "el general inglés", sin ninguna información adicional, carece de sentido, puesto que hay más de un general inglés.

14.24. $\psi[(\imath x)(\varphi x)] \cdot \supset \cdot E!(\imath x)(\varphi x)$.

Explicación: Afirmar que la cosa que se describe posee una propiedad implica su existencia. Ejemplo: "el autor de la *Divina Comedia* era italiano" implica que este autor existió; "el automóvil de Juan es un Vauxhall" implica que existe un automóvil cuyo propietario es Juan.

HISTORIA: Leibniz investigó la teoría de la identidad, y Peano la desarrolló. Frege y Peano conocieron la teoría de la descripción, pero fue Russell quien fundamentalmente la elaboró. Esta teoría implica difíciles problemas filosóficos que todavía no han sido completamente aclarados.

REFERENCIAS: § 14.1: PM *13; Scholz 5, 3; sobre las dificultades de la definición leibniziana, PM I, p. 659 ss.; Ajdukiewicz 3 § 14.2; PM *14; Russell 2; Moore; puede encontrarse un punto de vista diferente en Hilbert B; Quine 3.

C. *La Lógica de Clases*

§ 15. CLASES

En tanto que el cálculo de predicados considera la comprensión de los términos (funtores), el cálculo de clases se ocupa de su extensión. Los dos cálculos son perfectamente análogos. Aquí seguiremos el sistema Peano-Russell. Sin embargo, debe señalarse que existe una teoría más reciente, elaborada por Leśniewski (quien le da el nombre de "ontología") que no admite la clase nula y que se basa en un solo término primitivo, "es".

15.1. Definiciones fundamentales

15.11. "$\hat{x}(\varphi x)$" en vez de "los x tales que: φx".

Ejemplos: "Los x tales que: x fuma una pipa"; es decir, "los fumadores de pipa"; "los x tales que: x vive en Londres", es decir, "los habitantes de Londres".

Explicación: 15.11 define una clase mediante una función enunciativa; el funtor "^", llamado "abstractor" o "comprehensor", tiene como argumento un enunciado, a partir del cual forma una clase. Esta operación se llama "abstracción": la clase de los fumadores de pipa es una abstracción de la función "x fuma una pipa".

15.111. "$\lambda x \varphi x$" en vez de: "$\hat{x}(\varphi x)$".

Explicación: La expresión "λx", llamada "operador lambda", en los últimos años se usa frecuentemente, en vez de la x con acento circunflejo utilizada en los PM.

15.12. "*Cls*" en vez de: "$\hat{\alpha}\{(E\varphi) \cdot \alpha = \hat{x}(\varphi x)\}$".

Explicación: Se trata de la definición de la clase de clases: está compuesta de todas las α tales que $\alpha = \hat{x}(\varphi x)$ para cualquier φ, es decir, según 15.11, para todas las clases.

15.13. "$y \varepsilon \hat{x}(\varphi x)$" en vez de: "$\varphi y$".

Explicación: Decir "y es un elemento de la clase de aquellos x para los que vale φx" equivale a decir: "φy". La "ε" es aquí un funtor diádico que, en la notación de Peano-Russell, se escribe entre los argumentos, y que forma un enunciado. El primer argumento debe ser el nombre de un individuo (una constante o una variable), y el segundo una clase.

Ejemplo: Si "y es un elemento de la clase de aquellos x para los cuales ser-un-suizo vale de x", entonces podemos decir "y es un suizo". Así, cada fumador de pipa es un elemento de la clase de los fumadores, y cada montaña de los Alpes es un elemento de la clase llamada "Alpes", etcétera.

15.14. "$x \sim \varepsilon\alpha$" en vez de: "$\sim \cdot x\varepsilon\alpha$".

15.15. "$x, y\varepsilon\alpha$" en vez de: "$x\varepsilon\alpha \cdot y\varepsilon\alpha$".

15.2. **Relaciones entre clases**

15.21. "$-\alpha$" en vez de: "$\hat{x}(x \sim \varepsilon\alpha)$". La *clase complementaria* de α.

Explicación: La clase complementaria de α incluye como elementos todas las cosas que no son elementos de α. Ejemplo: La clase complementaria de la clase de los elefantes es la clase de los no-elefantes. Es evidente que el mundo está lleno de no-elefantes.

15.22. "$\alpha \cup \beta$" en vez de: "$\hat{x}(x\varepsilon\alpha \cdot \vee \cdot x\varepsilon\beta)$". La *suma lógica* de clases.

15.23. "$\alpha \cap \beta$" en vez de: "$\hat{x}(x\varepsilon\alpha \cdot x\varepsilon\beta)$". El *producto* de clases.

15.24. "$\alpha \parallel \beta$" en vez de: "$\hat{x}(x\varepsilon\alpha \cdot | \cdot x\varepsilon\beta)$". La *disyunción* de clases.

Explicación: Sea α la clase de los fumadores de pipa y β la de los lógicos. En este caso, $\alpha \cup \beta$ es la clase de todos los que son fumadores de pipa o lógicos. $\alpha \cap \beta$ es la clase de los lógicos que son fumadores de pipa. $\alpha \parallel \beta$ es la clase de los que no son a la vez lógicos y fumadores de pipa.

15.25. "$\alpha \subset \beta$" en vez de: "$(x): x\varepsilon\alpha \cdot \supset \cdot x\varepsilon\beta$". *Inclusión* de clases.

15.26. "$\alpha = \beta$" en vez de: "$(x): x\varepsilon\alpha \cdot \equiv \cdot x\varepsilon\beta$". *Igualdad* de clases.

Ejemplos: La clase de los fumadores de pipa está incluída en la clase de los fumadores; la clase de los franceses que tienen 21 años, o más, es igual a la clase de los franceses que tienen derecho al voto. Hay que señalar que "$\alpha \subset \beta$" y "$\alpha = \beta$" son enunciados, mientras que "$\alpha \cup \beta$" y "$\alpha \cap \beta$" son nombres de clases.

15.27. *Regla de puntuación:* Un grupo de puntos colocado junto a un funtor veritativo tiene mayor rango que un grupo de puntos colocado junto a uno de los funtores definidos en 15.21-26.

15.3. Representación gráfica

$- \alpha$

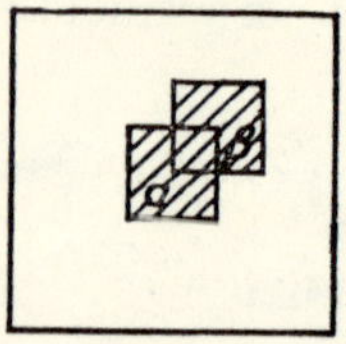

$\alpha \cup \beta$

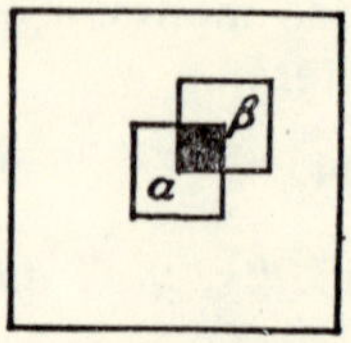

$\alpha \cap \beta$

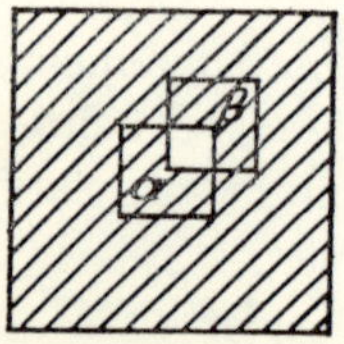

$\alpha \,||\, \beta$

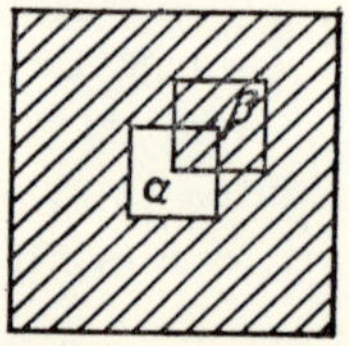

$\alpha \subset \beta$

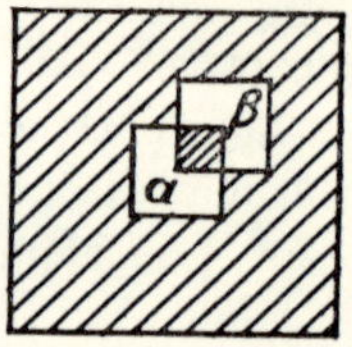

$\alpha = \beta$

15.4. Existencia

15.41. "V" en vez de: "$\hat{x}(x = x)$". *Clase universal.*

15.42. "$\wedge$" en vez de: "$\hat{x}(x \neq x)$". *Clase nula.*

Explicación: La clase universal es la clase de todos los x que son idénticos consigo mismo, es decir, la de todos los x en general, puesto que cada cosa es idéntica consigo misma. La clase nula es la clase de todos los x que no son idénticos consigo mismo, es decir, la clase de los objetos que no existen. Ejemplos: la clase de los reyes suizos, la de las esposas de Copérnico, la de los padres de Adán, la de los automóviles de un hombre que no tiene ninguno, son clases que pertenecen a la clase nula.

15.43. "$\exists ! \alpha$" en vez de: "$(Ex) \cdot x \varepsilon \alpha$".

Explicación: "$\exists ! \alpha$" significa que la clase α no es una clase nula, es decir, que existe al menos un elemento en α. La existencia de la misma clase debe distinguirse de la existencia de elementos de la clase, aun en el caso en que $\sim \exists ! \alpha$, es decir, cuando $\alpha = \wedge$, la clase α existe aun cuando esté vacía.

15.5. **El significado de la palabra "es"**

15.51. La palabra castellana "es" (y las palabras correspondientes en otros idiomas europeos) posee dos grupos de significados muy diferentes: existencial y copulativo.

15.52. Entre otros, existen dos significados existenciales de la palabra "es" (definidos ambos mediante el cuantificador existencial "(Ex)", 11.22.:

15.521. La existencia de un objeto descrito ("E!", 14.23).

15.522. La no-vacuidad de una clase ("$\exists$!", 15.43).

15.53. Existen, entre otros, cuatro significados copulativos de la palabra "es":

15.531. La asociación de un predicado con un individuo ("$\varphi\alpha$", 11.14).

15.532. La pertenencia de un elemento a una clase ("ε", 15.13), que se define mediante una matriz ("φx", 11.15 ss.).

15.533. La inclusión de una clase en otra ("$\subset$", 15.25).

15.534. Identidad ("$=$", 14.11).

15.6. **Las clases unitarias y duales**

15.61. "$[x]$" en vez de: "$\hat{y}(y = x)$" *Clase unitaria.*

Explicación: La clase $[x]$ es la clase que sólo tiene como elemento un x; por ejemplo, la clase unitaria de las lunas terrestres. En cualquier caso, hay que distinguir la clase de su elemento, puesto que aquélla posee propiedades que el elemento no posee, como la de contener un elemento.

15.62. "$[x, y]$" en vez de: "$[x] \cup [y]$", *Clase dual.*

15.63. "1" en vez de: "$\hat{a}\{(Ex) \cdot \alpha = [x]\}$ *El número cardinal 1.*

Explicación: El número cardinal uno es la clase de todas las clases unitarias. Cuando digo que tengo un lápiz, lo que yo califico no es mi lápiz, sino la clase de mis lápices; esto resalta con mayor claridad cuando se trata de números mayores: un número sólo se atribuye a una clase (Frege).

15.64. "2" en vez de: "$\hat{a}\{(Ex, y): \alpha = [x, y] \cdot x \neq y\}$".

Explicación: 2 es la clase de todas las clases duales cuyos elementos no son idénticos entre sí.

LA LOGICA DE PREDICADOS Y DE CLASES

HISTORIA: La Silogística de Aristóteles puede interpretarse como una lógica de clases, aunque esto puede parecer arbitrario, sobre todo si se considera que puede atribuírsele una distinción entre clases y predicados. Lo mismo sucede en el caso de los Escolásticos. El creador real de la lógica de clases fue Boole. Su "álgebra de la lógica" fue la primera parte de la lógica matemática que llegó a elaborarse completamente. Utilizó operaciones y signos "×", "+", etc.) semejantes a los de la matemática. Frege, y después Peano, definieron la clase apoyándose en el cálculo de enunciados y de predicados.

REFERENCIAS: PM *20, *22, *24; en cuanto al álgebra de la lógica, Lewis 1; Schröder; elaboraciones modernas: Moisil 1; otro sistema: Leśniewski 1.

§ 16. EL CALCULO DE CLASES

16.1. Leyes análogas

16.11. "*X* es una expresión análoga (16.1) de *Y*" en vez de: "*X* es una expresión formada sustituyendo en *Y* "φx" por "$x \varepsilon \alpha$", "ψx" por "$x \varepsilon \beta$" y "χx" por "$x \varepsilon \gamma$", añadiendo un punto a cada grupo de puntos".
Ejemplo: "$(x) : x \varepsilon \alpha \cdot \equiv \cdot x \varepsilon \alpha$" es una expresión análoga (16.1) a "$(x) \cdot \varphi x \equiv \varphi x$" (12.53).

16.12. Toda expresión análoga (16.1) de una ley del § 12, o toda expresión obtenida en virtud de las reglas del § 12.5, es, a su vez, una ley.

16.2. Leyes principales

16.311. $\alpha \cup \beta \cdot = \cdot \beta \cup \alpha$ (5.22)
16.212. $\alpha \cap \beta \cdot = \cdot \beta \cap \alpha$ (5.52)
16.221. $\alpha \cdot \cup \cdot \beta \cup \gamma : = : \alpha \cup \beta \cdot \cup \gamma$ (5.23)
16.222. $\alpha \cdot \cap \cdot \beta \cap \gamma : = : \alpha \cap \beta \cdot \cap \gamma$ (5.53)
16.231. $\alpha \cup \alpha \cdot = \alpha$ (5.15)
16.232. $\alpha \cap \alpha \cdot = \alpha$ (5.16)
16.241. $\alpha = \alpha$ (5.11)
16.242. $\alpha \subset \alpha$ (5.11)
16.243. $- - \alpha = \alpha$ (5.12)
16.25. $\alpha \subset \beta \equiv - \beta \subset - \alpha$ (5.32)
16.26. $\alpha \subset \beta : \supset : \beta \subset \gamma \cdot \supset \cdot \alpha \subset \gamma$ (6.32)
16.27. $\alpha \subset \beta \cdot \equiv \cdot \alpha \cap \beta = \cdot \alpha$ (5.314)
16.28. $\alpha \subset \beta \cdot \equiv \cdot \alpha \cup \beta = \cdot \beta$ (5.315)
16.29. $\alpha \subset \beta \cdot x \varepsilon \alpha \cdot \supset x \varepsilon \beta$ (12.91)

16.3. Leyes de la clase universal y de la clase nula

16.311. $\wedge = - \vee$
16.312. $\wedge \neq \vee$
16.313. $\vee = - \wedge$
16.321. $(x) \cdot x \varepsilon \vee$
16.322. $(x) \cdot x \sim \varepsilon \wedge$
16.323. $(\alpha) \cdot \alpha \subset \vee$

16.324. $(\alpha) \cdot \Lambda \subset \alpha$

16.331. $(x) \cdot x \varepsilon \alpha \cdot \equiv \cdot \alpha = \mathrm{V}$

16.332. $(x) \cdot x \sim \varepsilon \alpha \cdot \equiv \cdot \alpha = \Lambda$

16.341. $\alpha = \mathrm{V} \cdot \equiv \cdot - \alpha = \Lambda$

16.342. $\alpha \cup - \alpha = \mathrm{V}$

16.343. $\alpha \cap - \alpha = \Lambda$

16.344. $\alpha \cup \Lambda = \alpha$

16.345. $\alpha \cap \Lambda = \Lambda$

16.346. $\alpha \cup \mathrm{V} = \mathrm{V}$

16.347. $\alpha \cap \mathrm{V} = \alpha$

16.351. $\alpha \subset \beta \cdot \equiv \cdot - \alpha \cup \beta = \mathrm{V}$

16.352. $\alpha \subset \beta \cdot \equiv \cdot \alpha \cap - \beta = \Lambda$

16.353. $- \alpha \subset \beta \cdot \equiv \alpha \cup \beta \cdot = \cdot \mathrm{V}$

16.354. $\alpha \subset - \beta \cdot \equiv \cdot \alpha \cap \beta \cdot = \cdot \Lambda$

16.361. $\alpha \cup \beta \cdot = \cdot \Lambda \; : \equiv : \alpha = \Lambda \cdot \beta = \Lambda$

16.362. $\alpha \cap \beta \cdot = \cdot \Lambda : \equiv : \alpha \cdot = \cdot \alpha \cap - \beta$

16.363. $\alpha \cap \beta \cdot = \cdot \Lambda : \equiv : (x, y) : x \varepsilon \alpha \cdot y \varepsilon \beta \cdot \supset \cdot x \neq y$

16.371. $\alpha : = : \alpha \cap \beta \cdot \cup \cdot \alpha \cap - \beta$

16.372. $\beta \subset \alpha \cdot : \supset : \cdot \alpha : = : \beta \cdot \cup \cdot \alpha \cap - \beta$

16.4. Leyes de existencia

16.411. $\sim \exists ! \alpha \cdot \equiv \cdot \alpha \cdot = \Lambda$

16.412. $\exists ! \alpha \cdot \equiv \cdot \alpha \neq \Lambda$

16.421. $\exists ! \mathrm{V}$

16.422. $\sim \exists ! \Lambda$

16.431. $\exists ! (\alpha \cup \beta) : \; \equiv : \exists ! \alpha \cdot \vee \cdot \exists ! \beta$

16.432. $\exists ! (\alpha \cap \beta) : \; \supset : \exists ! \alpha \cdot \exists ! \beta$

16.433. $\alpha \subset \beta : \supset : \exists ! \alpha \cdot \supset \cdot \exists ! \beta$

La inversa de las dos anteriores no es verdadera

16.44. $\sim \cdot \alpha \subset \beta : \equiv : \exists ! (\alpha \cap - \beta)$

16.451. $\alpha \cap \beta \cdot = \cdot \Lambda : \supset : \exists ! \alpha \cdot \supset \alpha \neq \beta$

16.452. $\exists ! \alpha \cdot \alpha = \beta \cdot \supset \cdot \exists ! (\alpha \cap \beta)$

16.453. $\alpha \subset \beta \cdot \alpha \neq \beta \cdot \equiv \cdot \exists ! (- \alpha \cap \beta)$

16.461. $\sim \exists ! \beta \cdot \supset \cdot \alpha \cup \beta \cdot = \cdot \alpha$

16.462. $\sim \exists ! \beta \cdot \supset \cdot \alpha \cap \beta \cdot = \cdot \Lambda$

Historia y Referencias: Ver § 15.

§ 17. LAS ANTINOMIAS Y LA TEORIA DE LOS TIPOS

Este capítulo presenta una exposición corta, elemental y no formalizada de las antinomias (también llamadas "paradojas") que surgen en los sitemas lógicos y de las reglas para evitarlas. Un grupo de estas reglas recibe el nombre de "teoría de los tipos".

17.1. Antinomias

17.11. "*Antinomia*" en vez de: "el producto lógico formado por un enunciado y por la negación de otro que es equiforme con el primero, o de otra expresión equivalente".

Ejemplos: "$p \cdot \sim p$", "$(x)\varphi x \cdot (Ex) \sim \varphi x$" son antinomias.

17.12. Si no se observan precauciones especiales, puede deducirse un número indefinido de antinomias en cualquier sistema lógico suficientemente formalizado.

17.13. Las antinomias pueden dividirse en antinomias lógicas y antinomias semánticas o metalógicas.

17.14."*Antinomia lógica*" en vez de: "antinomia que surge dentro del mismo sistema lógico, sin haber hecho uso de expresiones metalógicas".

17.15. "*Antinomia semántica*" o "*metalógica*" en vez de: "antinomia que se origina en el uso de expresiones metalógicas".

Ejemplos: 17.14: antinomia de la clase de clases (cf. 17.2); 17.15: antinomia del mentiroso (cf. 17.7).

17.2. La antinomia de la clase de clases

17.21. Formamos la clase de todas las clases que no se contienen a sí mismas y planteamos así la cuestión de si esta clase se contiene a sí misma. Si respondemos afirmativamente, podemos deducir que no se contiene a sí misma, y si respondemos negativamente, que se contiene a sí misma. Esta antinomia se denomina, a causa de su descubridor, la Paradoja de Russell.

Justificación: Si "$\alpha \varepsilon \alpha$" es una expresión, podemos definir (15.11) una clase β tal que, para todo α:

(1) $\alpha \varepsilon \beta \cdot \equiv \cdot \sim \cdot \alpha \varepsilon \alpha$

Sustituyendo "α" por "β", obtenemos:

(2) $\beta \varepsilon \beta \cdot \equiv \cdot \sim \cdot \beta \varepsilon \beta$

y, a partir de esta expresión, tenemos:

(3) $\beta \varepsilon \beta \cdot \sim \cdot \beta \varepsilon \beta$

que es una antinomia (17.11).

Ejemplo: Un catálogo de una biblioteca contiene un registro de los libros de la biblioteca. El catálogo, a su vez, puede ser considerado como un libro, y, según esto, puede ser catalogado. Si ahora fuésemos a elaborar un catálogo completo de todos los catálogos que no se incluyen a sí mismos, surgiría el problema de si deberíamos incluir el catálogo que estamos haciendo. Si lo hacemos, ya no tendremos un catálogo que no se incluya a sí mismo, y debe excluirse. Pero si lo excluimos, entonces tenemos un catálogo que no se contiene a sí mismo, y que debería ser tenido en cuenta para incluirlo. En ambos casos, a partir de la condición inicialmente asumida derivamos la opuesta.

17.22. La expresión "$\alpha \varepsilon \alpha$" carece de sentido.

Prueba: Si tuviera sentido, (1) sería verdadera o no verdadera; no podría ser ambas cosas a la vez. Parece que es un enunciado, pero no lo es. Es un grupo de signos que no significa nada.

17.3. La Teoría de los Tipos

17.31. "*Teoría de los Tipos*" en vez de: "el conjunto de reglas que hace posible evitar las antinomias lógicas, dividiendo objetos o expresiones lógicas en clases numeradas (tipos)".

17.31. "*Teoría de los tipos ontológicos*" en vez de: "el conjunto de reglas que divide *objetos* en tipos".

Explicación: Una teoría de tipos ontológicos tiene como primer tipo el conjunto de individuos; como segundo, el de clases de individuos; como tercero, el de clases de clases de individuos, etc.

17.33. "*Teoría de tipos sintácticos*" en vez de: "la teoría de tipos de divide *expresiones* en tipos".

Ejemplo: 17.4.

17.4. Reglas de los tipos sintácticos

17.41. *Regla:* Todas las expresiones se dividen en clases numeradas, que se excluyen mutuamente, y que se llaman "Tipo 1", "Tipo 2", ..., "Tipo n". Estos "Tipos" constituyen otro procedimiento de división de las categorías sintácticas (1.22).

17.42. *Regla:* Todas las expresiones equiformes del mismo sistema pertenecen al mismo tipo.

17.43. *Regla:* Si *F* es un funtor de *X,* y *X* pertenece al tipo *n,* F pertenece al tipo $n + 1$.

17.44. *Regla:* Si *X* va seguido de "ε" seguido de *Y,* y *X* pertenece al tipo *n,* entonces *Y* pertenece al tipo $n + 1$.

17.5. Método de verificación de Quine

17.51. Para verificar si se ha seguido la regla 17.44, se puede proceder de la forma siguiente:

(a) colocar un "*O*" en lugar de todas las variables equiformes, escogidas éstas arbitrariamente; (b) si una variable va seguida de "ε" y de un numeral, sustituir esta variable por un numeral más pequeño (positivo, "*O*", negativo); (c) repetir esta operación hasta que todas las variables hayan sido reemplazadas por numerales; si es necesario, comenzar de nuevo con otra variable; (d) llegado este momento, si el numeral que siga a cada "ε" es siempre mayor que el que lo precede, la expresión está de acuerdo con la regla de los tipos; si no sucede así, la contraviene.

17.52. Para verificar si se ha cumplido la regla 17.43, sustituir las expresiones "φx", "ψx", "χx", respectivamente, por "$x \varepsilon \alpha$", "$x \varepsilon \beta$" y "$x \varepsilon \gamma$", y aplicar a continuación 17.51.

17.6. El Principio de Analogía

17.61. La aplicación de la regla de los tipos obliga a efectuar la distinción de los tipos de funtores constantes "ε", "$=$", "$\neq$", etc., y de las expresiones "$\vee$", "$\wedge$".

Explicación: La regla de los tipos se aplica también a funtores diádicos como "$=$". Por ello, si "$=$", en "$x = x$", pertenece al tipo *n,* y si también tenemos "$x \varepsilon \alpha$", según la regla de los tipos, no podemos escribir "$\alpha = \alpha$", puesto que "α" es de un tipo más alto que *x*; y el "$=$" que une las dos "α" debe ser también de un tipo más alto que el primer "$=$", lo cual va contra la regla 17.42.

17.62. Para evitar la multiplicación de expresiones y leyes en cada tipo, la regla 17.42 no se aplica a los funtores enumerados en 17.61.

17.63. *Principio de analogía o de ambigüedad sistemática:* Los funtores "ε", "$=$", "$\neq$", etc., y las expresiones "V" y "$\wedge$", son sistemáticamente ambiguos respecto al tipo.

Explicación: Las expresiones que tienen esta forma poseen un significado diferente según su tipo, pero sus propiedades formales siguen siendo las mismas; por ejemplo, las leyes 14.13-15 siguen siendo válidas cuando los nombres individuales (variables) que contienen se reemplazan por nombres de clase.

17.7. La Antinomia del mentiroso

17.71. "*Antinomia del mentiroso*" en vez de: "la antinomia que se origina al introducir en el sistema expresiones del tipo «*X* es falso»".

17.72. En cualquier sistema de lógica formalizada que contenga las leyes y reglas expuestas en los capítulos anteriores, es posible deducir la antinomia del mentiroso al introducir "*X* es falso" en el caso de que no se observen precauciones especiales.

Justificación: Formúlese el enunciado "*c* es falso" y considérese "*c*" como una abreviatura de ese enunciado. Tendremos así:

(1) c es falso $= c$

Sin embargo, según la definición usual de la verdad de un enunciado, tenemos:

(2) X es verdadero $\cdot \equiv \cdot X$

Sustituyendo "*c* es falso" por el "*X*" de (2), obtenemos

(3) c es falso es verdadero $\cdot \equiv \cdot c$ es falso

Sustituyendo, a partir de la identidad (1), "*c*" por "*c* es falso", obtendremos, a partir de (3)

(4) c es verdadero $\cdot \equiv \cdot c$ es falso

Y utilizando la definición de falsedad

(5) c es falso $\cdot \equiv \cdot \sim \cdot c$ es verdadero

obtenemos de (4) la antinomia

(6) c es verdadero $: \equiv : \sim \cdot c$ es verdadero

17.8. Solución de las antinomias metalógicas

17.81. *Regla:* Para evitar las antinomias metalógicas es necesario observar estrictamente las reglas de la suposición (2.13 ó 2.14).

17.82. Si se observa la regla 2.13, la antinomia del mentiroso no aparece.

Justificación: En este caso, en lugar de (1) y (2) en 17.72, obtendremos, respectivamente

(1′) c es falso $= c$

(2′) "X" es verdadero $\cdot \equiv \cdot X$.

Pero ya no podemos seguir adelante, puesto que la "X" que se encuentra al comienzo de (2′) es el nombre de la letra del miembro derecho de la fórmula, y no puede ser sustituida por nada.

Una solución completamente satisfactoria de la antinomia del mentiroso requiere una elaboración de la definición de verdad.

Historia: Las antinomias ya se conocían en la antigüedad; los Escolásticos las volvieron a sacar a la luz y las estudiaron concienzudamente. Alrededor de 1900, las paradojas de la teoría de conjuntos conmovieron los fundamentos de la matemática. En 1908, Russell y Zermelo presentaron diferentes soluciones del problema. La "teoría simple de los tipos" de Russell, elaborada en los PM, encontró su desarrollo en una "teoría ramificada" (PM, 1.ª ed.). Posteriormente (PM, 2.ª ed.) aparece una tendencia a la simplificación, desechándose las restricciones impuestas por la teoría de los tipos. Algunos, como Ushenko, piensan que es posible actuar sin una teoría general de los tipos. Bernays y Ackermann han desarrollado sistemas de lógica de tipo libre.

— La distribución entre las paradojas lógicas y las semánticas procede de Ramsey.

Referencias: Russell 3, Russell 4, PM (Introducción, 2.ª ed.); Zermelo; Chwistek 1; Ramsey; Tarski 2; Quine 2, Quine 3; Church 2; Fraenkel B; Fitch 1; Ackermann 1.

— Historia: Rüstow; Salamucha.

IV

La lógica de relaciones

§ 18. RELACIONES

El cálculo de relaciones guarda la misma relación con la teoría de predicados diádicos (§ 13) que la que mantiene el cálculo de clases (§ 15) con la teoría de predicados monádicos (§ 12). Este cálculo es la parte más reciente y también la más importante de la lógica moderna. Desarrollado, en un principio, a propósito de los estudios acerca de los fundamentos de la matemática, ha ido más allá de esta ciencia hasta abarcar la totalidad del conocimiento. A pesar de que ocupa un lugar importante en los tratados de lógica, todavía se encuentra relativamente poco desarrollado.

18.1. **Definiciones**

18.11. "$\hat{x}\hat{y}\{\varphi x, y)\}$" en vez de: "los x e y tales que $\varphi(x, y)$".

Explicación: Cf. 15.11; los pares así definidos se llaman "relaciones". De esta forma, "relación" se toma aquí en extensión.

18.12. "*Rel*" en vez de: "$\hat{R}\{(E\varphi) \cdot R = \hat{x}\hat{y}[\varphi(xy)]\}$".

Explicación: Cf. 15.12. Rel es la clase de las relaciones, es decir, la clase de pares definidos en 18.11.

18.13. "$u\{\hat{x}\hat{y}[\varphi(xy)]\}v$" en vez de: "$\varphi(u, v)$".

18.14. "uRv" en vez de: "$u\{\hat{x}\hat{y}[\varphi(x, y)]\}v$".

Explicación: 18.13-14 sirven para introducir la nueva notación "xRy".

18.15. "Antecedente de R" en vez de: "El objeto que tiene con alguna cosa la relación R".

18.16. "Consecuente de R" en vez de: "el objeto respecto al cual algo guarda la relación R".

18.17. "Término de R" en vez de: "antecedente o consecuente de R".

18.2. **Relaciones entre relaciones**

18.21. "$\dot{-} R$" en vez de: "$\hat{x}\hat{y}(\sim xRy)$".

Explicación: $\dot{-} R$ es la relación complementaria de R (cf. 15.21), es decir, la clase de todos los pares que no están unidos mediante la relación R. Ejemplo: la relación complementaria de "hermano" es el conjunto de pares que son amigos, vecinos, mayor que, superior a, similar a, etc., pero que no son hermanos.

18.22. "$R \dot{\cup} S$" en vez de: "$\hat{x}\hat{y}(xRy \vee xSy)$" (15.22)

18.23. "$R \dot{\cap} S$" en vez de: "$\hat{x}\hat{y}(xRy \cdot xSy)$" (15.23)

18.24. "$R \dot{\|} S$" en vez de: "$\hat{x}\hat{y}(xRy \mid xSy)$" (15.24)

18.25. "$R \dot{\subset} S$" en vez de: "$(x, y) \cdot xRy \supset xSy$" (15.25)

18.26. "$R \dot{=} S$" en vez de: "$(x, y) \cdot xRy \equiv xSy$" (15.26)

18.27. "$\dot{\vee}$" en vez de: "$\hat{x}\hat{y}(x = x \cdot y = y)$" (15.41)

18.28. "$\dot{\wedge}$" en vez de: "$\hat{x}\hat{y}(x \neq x \cdot y \neq y)$" (15.42)

18.29. "$\dot{\exists}!R$" en vez de: "$(Exy)xRy$" (15.43)

Los nombres de estos funtores son iguales a los de clases: "suma de relaciones", "relación nula", etc.

18.3. **Leyes Análogas**

18.31. "X es una expresión análoga (18.3) de Y" en vez de: "X es una expresión formada al sustituir

"α", "β", "γ", "δ", "—", "$\cap$", "$\cup$", "$\|$", "$\supset$", "$=$", "$\vee$", "$\wedge$",

respectivamente, por

"P", "Q", "R", "S", "$\dot{-}$", "$\dot{\cap}$", "$\dot{\cup}$", "$\dot{\|}$", "$\dot{\subset}$". "$\dot{=}$", "$\dot{\vee}$", "$\dot{\wedge}$", en Y".

18.32. Cada expresión análoga (18.3) a una ley del cálculo de clases (§ 16, incluyendo las leyes que se forman mediante 16.11) es, a su vez, una ley.

HISTORIA: En los *Tópicos* de Aristóteles se encuentran los elementos de una teoría de relaciones, pero ésta no se desarrolla completamente hasta el siglo XIX. La idea de definir una relación como una clase de pares procede de Peirce; Frege y Peano la completaron. Su forma actual se debe a los PM. Wiener y Kuratowski han proporcionado una nueva base a esta teoría.

REFERENCIAS: PM *21, *23, *25, y otros libros de texto. Ver, para desarrollos posteriores: Wiener; Kuratowski; Tarski 5; Quine 3, § 36. En Carnap 1, 8 se encuentra una exposición elemental excepcionalmente clara.

§ 19. DESCRIPCIONES RELATIVAS; CONVERSA

Las descripciones, cuando se aplican a predicados diádicos (relaciones) tienen una especial importancia. Muchas expresiones usuales, por ejemplo en teología, derecho y matemática, son, de hecho, descripciones relativas. Se conocen varias especies diferentes de estas descripciones. Al final de esta sección se presenta otra teoría importante, la de la conversa de una relación.

19.1. Descripciones Individuales y Plurales

19.11. "$R'y$" en vez de: "$(\imath x)(xRy)$".

Explicación: Se lee "*R* de *y*". Esta expresión se llama "descripción relativa individual", puesto que describe *sólo un* individuo que guarda una determinada relación con otro objeto (cf. 14.22). Ejemplo: si "*R*" significa "autor de" y "*a*" la *Ilíada,* "$R'a$" significa: "el autor de la *Ilíada*". Esta expresión carecería de sentido según la teoría de Wolff, que afirma que la *Ilíada* tuvo varios autores.

19.12. "$\vec{R}'y$" en vez de: "$\hat{x}(xRy)$".

19.13. "$\overleftarrow{R}'x$" en vez de: "$\hat{y}(xRy)$".

Explicación: Estas dos expresiones reciben el nombre de "descripciones relativas plurales", puesto que significan la *clase* de objetos que guardan la relación *R* con un individuo dado ("$\vec{R}'y$"), o la clase de objetos respecto a la cual un individuo dado está en la relación *R* ("$\overleftarrow{R}'x$"). Ejemplo: Si "*R*" significa "autor de" y "*a*" la "Biblia", "$\vec{R}'a$" es "la clase de autores de la Biblia". Si "*a*" significa "Homero", "$\overleftarrow{R}'a$" significa "las obras (la clase de las obras) de Homero".

Representación gráfica

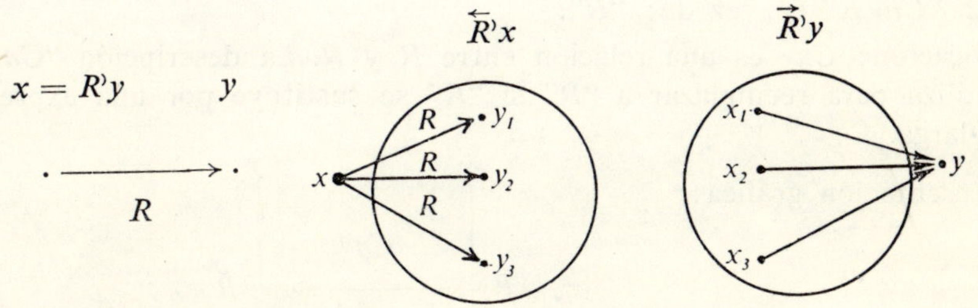

19.14. "$sg'R$" en vez de: "$\vec{R}$".

19.15. "$gs'R$" en vez de: "$\overleftarrow{R}$".

Explicación: "$sg'R$" (de *sagitta*) y "$gs'R$" (*sagitta* invertida) se utilizan para reemplazar "$\overrightarrow{R}$" y "$\overleftarrow{R}$" en fórmulas más largas, por ejemplo, sumas, productos de relaciones, etc.

19.2. Descripciones Bi-plurales

19.21. "$R''\beta$" en vez de: "$\hat{x}\{(Ey) \cdot y \varepsilon \beta \cdot xRy\}$".

Explicación: $R''\beta$ es la clase de individuos que están en la relación R con cada elemento de la clase β. Ejemplo: si "R" es "autor de" y β es la clase de las obras versificadas, $R''\beta$ es la clase de los autores de obras versificadas, o, como algunos piensan erróneamente, la clase de los poetas.

Representación gráfica:

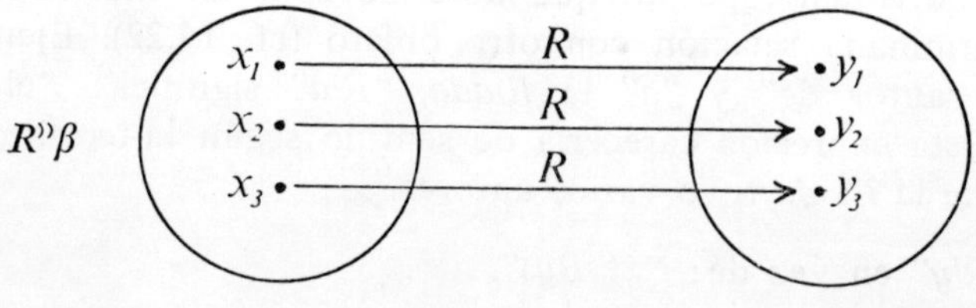

19.22. $(\alpha, \beta, R): \alpha \subset \beta \cdot \supset \cdot R''\alpha \subset R''\beta$.

Ejemplos: Si los caballos son animales, las cabezas de los caballos son cabezas de animales.

19.3. Conversa

19.31. "$x\breve{R}y$" en vez de: "yRx".

Ejemplo: Si "R" es "autor de", "$\breve{R}$" es "la obra de". Si "R" es "a la derecha de", "$\breve{R}$" es "a la izquierda de".

19.32. "$Cnv'R$" en vez de: "$\breve{R}$".

Explicación: Cnv es una relación entre R y $\breve{R}$. La descripción "$Cnv'R$" se utiliza para reemplazar a "$\breve{R}$" si "R" se sustituye por una expresión más larga.

Representación gráfica:

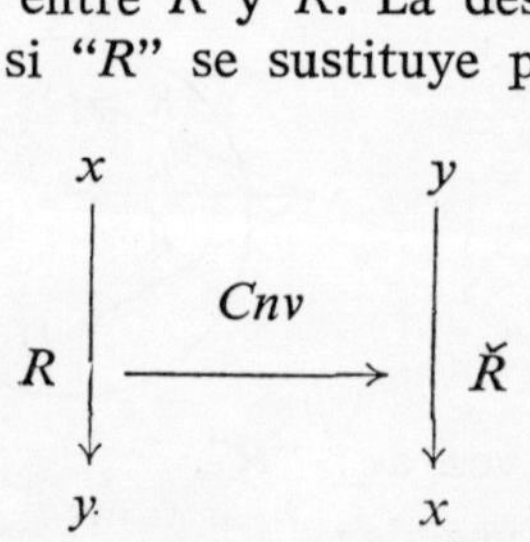

19.4. Leyes de la Conversa

19.41. $R \doteq S \cdot \equiv \cdot \breve{R} \doteq \breve{S}$

19.42. $Cn'vCnv'R \doteq R$

19.43. $\exists ! Cnv'R$

19.44. $Cnv'(R \,\dot{\cup}\, S) \cdot \doteq \cdot Cnv'R \,\dot{\cup}\, Cnv'S$

19.45. $Cnv'(R \,\dot{\cap}\, S) \cdot \doteq \cdot Cnv'R \,\dot{\cap}\, Cnv'S$

19.46. $Cnv' \dot{-} R \doteq \dot{-} Cnv'R$

19.47. $R \doteq \breve{S} \cdot \equiv \cdot S \doteq \breve{R}$

19.48. $R \,\dot{\subset}\, \breve{S} \cdot \equiv \cdot S \,\dot{\subset}\, \breve{R}$

Historia: Se reparó por primera vez en la teoría de las descripciones relativas en la época de De Morgan, quien elaboró 19.22. Los matemáticos desarrollaron la teoría de la conversa en conexión con la teoría de conjuntos. Cayley se ocupó de ella en 1854. Frege y Peano, los fundadores de la lógica contemporánea, y los autores de los PM, le dieron su forma actual.

Referencias: PM *30-*32, y todos los manuales.

§ 20. DOMINIOS Y CAMPOS

Además de las expresiones recogidas en el § 19, existen también otras nociones semejantes, pero más generales; nosotros no sólo utilizamos expresiones del tipo de "la madre de", "el vecino de", sino también las expresiones de carácter más general, "las madres", "los vecinos". En este capítulo ofrecemos la teoría correspondiente a esas expresiones, añadiendo alguna información respecto a relaciones que están limitadas por un lado, o por los dos, a una clase unitaria.

20.1. **Dominios y Campos**

20.11. "$D^{\prime}R$" en vez de: "$\hat{x}\{(Ey)xRy\}$".

Explicación: $D^{\prime}R$ es el *dominio* de R, es decir, el conjunto de objetos que guardan la relación R con un objeto cualquiera. Ejemplo: Si "R" significa "padre de", "$D^{\prime}R$" es la clase de todos los padres.

20.12. "$\mathit{Cl}^{\prime}R$" en vez de: "$\hat{y}\{(Ex)xRy\}$".

Explicación: $\mathit{Cl}^{\prime}R$ es el *dominio converso* de R, es decir, el conjunto de objetos respecto a los cuales otros objetos cualesquiera guardan la relación R. Ejemplo: Si "R" es "esposo de", "$\mathit{Cl}^{\prime}R$" es la clase de todas las esposas.

20.13. "$C^{\prime}R$" en vez de: "$D^{\prime}R \cup \mathit{Cl}^{\prime}R$".

Explicación: $C^{\prime}R$ es el *campo* (de *campus*) de R, es decir, la suma lógica del dominio y del dominio converso de R. Ejemplos: Si "R" es "superior militar de", "$D^{\prime}R$" es la clase de todos los que son superiores militares, es decir, de todos los oficiales de todos los ejércitos; "$\mathit{Cl}^{\prime}R$" es la clase de todos los que tienen superiores militares, es decir, de todos los soldados, excepto los jefes supremos; finalmente, "$C^{\prime}R$" es la clase que contiene a las dos anteriores. Si "R" es "padre de", "$D^{\prime}R$" es la clase de todos los hombres y mujeres que tienen hijos; "$\mathit{Cl}^{\prime}R$" es la clase de todos los que tienen padres, es decir, la clase de todos los seres humanos excepto Adán y Eva.

La diferencia entre $D^{\prime}R$, $\overleftarrow{R}^{\prime}y$ y $R^{\prime\prime}a$ reside en que $\overleftarrow{R}^{\prime}y$ es la clase de objetos que están en una relación R respecto a un individuo definido y, y $R^{\prime\prime}\alpha$ es la clase de objetos que guardan esta relación respecto a los elementos de una clase definida α, mientras que $D^{\prime}R$ es la clase de todos los objetos que están en la relación R respecto a un objeto cualquiera.

20.2. Leyes de Dominios y Campos

20.21. $(x, y) : xRy \cdot \supset \cdot x \varepsilon D'R \cdot y \varepsilon \text{Ɑ}'R$

20.22. $(y) \cdot \overrightarrow{R}'y \subset D'R$

20.23. $(x) \cdot \overleftarrow{R}'x \subset \text{Ɑ}'R$

20.24. $D'R = \text{Ɑ}'\breve{R}$

20.25. $C'R = C'\breve{R}$

20.26. $C'R = C'(R \cup \breve{R})$

20.27. $D'R \subset \text{Ɑ}'R \cdot \equiv \cdot \text{Ɑ}'R = C'R$

Explicación: Si el dominio de R se incluye en el dominio converso de R, este último sería igual al campo de R. En ese caso, la serie que se forma mediante R no tiene comienzo, puesto que para cada término de R existe siempre un elemento de $\text{Ɑ}'R$, es decir, existe un antecedente.

20.28. $\text{Ɑ}'R \subset D'R \cdot \equiv \cdot D'R = C'R$

Explicación: En este caso, la serie no tiene final, puesto que para cada término de R existe siempre un elemento de $D'R$, es decir, existe un consecuente.

20.3. Relaciones con Dominios Limitados

20.31. "$\alpha \rceil R$" en vez de: "$\hat{x}\hat{y}(x \varepsilon \alpha \cdot xRy)$"

20.32. "$R \lceil \beta$" en vez de: "$\hat{x}\hat{y}(y \varepsilon \beta \cdot xRy)$"

20.33. "$\alpha \rceil R \lceil \beta$" en vez de: "$\hat{x}\hat{y}(x \varepsilon \alpha \cdot y \varepsilon \beta \cdot xRy)$"

20.34. "$R \mathbin{[\!\lceil} \alpha$" en vez de: "$\alpha \rceil R \lceil \alpha$"

Explicación: 20.31-34 introducen la noción de relación con dominio y campos limitados. De esta forma, $\alpha \rceil R$ es la relación limitada en su dominio a la clase α, $R \lceil \beta$ es la misma relación limitada en su dominio converso a la clase β, $\alpha \rceil R \lceil \beta$ es la relación R limitada en su dominio a la clase α y en su dominio converso a la clase β; por último, $R \mathbin{[\!\lceil} \alpha$ es la relación R cuyo campo está limitado a la clase α. Ejemplo: Si "R" es "autor de" y "α" es "italiano", $\alpha \rceil R$ es la relación de autor restringida en su dominio a italianos; en este caso, $D'(\alpha \rceil R)$ es la clase de italianos que son autores, y $\text{Ɑ}'(R \lceil \alpha)$ es la de obras italianas.

20.35 "$\alpha \uparrow \beta$" en vez de: "$\hat{x}\hat{y}(x \varepsilon \alpha \cdot y \varepsilon \beta)$"

20.36 $\alpha \uparrow \beta = \alpha \rceil \dot{V} \upharpoonleft \beta$

Explicación: $\alpha \uparrow \beta$ es la relación que existe entre x e y por el hecho de ser x un elemento de α e y un elemento de β; este es el significado que toma "$\alpha \rceil R \upharpoonleft \beta$" si "$\dot{V}$" se sustituye por "$R$". Esta noción desempeña un papel importante en la teoría de series.

20.37. "$x \downarrow y$" en vez de: "$[x] \uparrow [y]$"

Explicación: 20.37 ofrece la definición del par ordinal.

20.4. Relaciones uno a uno

20.41. "$1 \rightarrow Cls$" en vez de: "$\hat{R}\{(x, y, z): xRz \cdot yRz \supset \cdot x = y\}$".

20.42. "$Cls \rightarrow 1$" en vez de: "$\hat{R}\{(x, y, z): xRy \cdot xRz \cdot \supset \cdot y = z\}$".

20.43. "$1 \rightarrow 1$" en vez de: "$(1 \rightarrow Cls) \cap (Cls \rightarrow 1)$"

Explicación: 20.41 define la *relación de uno a muchos,* es decir, la relación restringida en su dominio a las clases unitarias; 20.42 define la *relación de muchos a uno,* restringida de igual forma en su dominio converso; 20.43 define la *relación uno a uno,* en la que el dominio y el dominio converso están restringidos a clases unitarias. Efectivamente, 20.41 dice que para cualquier xRz y yRz que tengan lugar, existe identidad entre x e y de forma tal que sólo puede existir un antecedente de R; 20.42 dice lo mismo del consecuente. Ejemplos: La relación "padre" es de uno a muchos, puesto que el mismo padre puede tener varios hijos, pero un hijo sólo puede tener un padre. Para los mahometanos, la relación "esposo de" sería de uno a muchos, y "esposa", de muchos a uno, pero para los cristianos, ambas relaciones son de uno a uno.

20.44. $R \varepsilon (1 \rightarrow Cls) \cdot \equiv \cdot \breve{R} \varepsilon (Cls \rightarrow 1)$

REFERENCIAS: § 20.1-2: PM *33; §20.3: PM *35; § 20.4: PM *71; Carnap 1, 8.

§ 21. PRODUCTO RELATIVO; SERIES

La noción del producto relativo es importante para todas las ciencias que, como la matemática y la teología, utilizan el concepto de serie. Este capítulo presenta las nociones fundamentales y algunas aplicaciones elementales de la teoría de series. Un análisis de las series podría dar lugar por sí solo a un estudio voluminoso.

21.1. Producto Relativo

21.11. "R/S" en vez de: "$\hat{x}\hat{z}\{(Ey) \cdot xRy \cdot ySz\}$".

Explicación: R/S es el *producto relativo* de R y S, es decir, la relación que existe entre x y z si existe un y tal que xRy y ySz. Ejemplo: Si "R" es "padre" y "S" es "hermano", "R/S" es "tío", esto es, el y tal que "x es el padre de y" e "y es el hermano de z". El producto relativo del cuadrado y de la mitad es el cuadrado de la mitad.

21.12. "R^2" en vez de: "R/R"

21.13. "R^3" en vez de: "R^2/R"

21.14. "R^n" en vez de: "R^{n-1}/R"

21.15. "R^0" en vez de: "$I \upharpoonright C'R$"

Explicación: Las expresiones 21.12-15 reciben el nombre de "potencias relativas" ("cuadrado relativo", "cubo relativo", etc.). R^0 es una identidad (cf. 14.16) restringida al campo de R, es decir, la relación de identidad que cada elemento de $C'R$ guarda respecto a sí mismo; esta noción desempeña en la serie un papel semejante al de cero en matemática. Ejmplo: Si "R" significa .padre de", "R^2" es "abuelo paterno de". El dicho "los amigos de mis amigos son mis amigos" se traduciría como "$R^2 \subset R$", en donde "R" es "amigo de".

21.2. Relación Ancestral

21.21. "*her*" en vez de: "$\hat{\alpha}(\exists \check{R})(R''\alpha \subset \alpha)$"

Explicación: Una clase se llama "hereditaria" respecto a la relación R (*her* es la clase de las clases hereditarias) si los consecuentes de R en relación a los elementos de α son elementos de α.

Ejemplos: La clase de los húngaros es hereditaria respecto a la relación de padre, puesto que si x es el padre de y, y x pertenece a la clase de los húngaros, es decir, si es un húngaro, entonces y es también húngaro.

21.22. "R_*" en vez de: "$\hat{x}\hat{y}\{x\varepsilon C{}^{\prime}R : \cdot (\alpha) : \breve{R}{}^{\prime\prime}\alpha \subset \alpha \cdot x\varepsilon\alpha \cdot \supset y\varepsilon\alpha\}$"

Explicación: 21.22 es una ingeniosa definición de la noción vaga "$R^0 \uplus R \uplus R^2 \uplus R^3$, etc.", y asimismo de la relación que existe cuando se da alguna potencia de R. Recibe el nombre de "relación ancestral". Ejemplos: Si "R" es "padre de", "R_*" es "antepasado paterno"; si "R" es "inmediatamente a la izquierda de", "R_*" es "a la izquierda de" (a cualquier distancia)"; si "R" es "inmediatamente superior", "R_*" es "superior (inmediatamente o no)".

21.23. "R_{p0}" en vez de: "$\hat{x}\hat{y}\{(\alpha) : \breve{R}{}^{\prime\prime}\alpha \supset \alpha\, \breve{R}{}^{\prime}x\varepsilon\alpha \cdot \supset \cdot y\varepsilon\alpha\}$"

Explicación: R_{p0} se distingue de R_* porque excluye R^0. Equivale a "$R \uplus R^2 \uplus R^3$, etc.".

21.3. Términos primero y último

21.31. "P" en vez de: "$\hat{x}\hat{R}\{x\varepsilon \cdot D{}^{\prime}R \cap -\text{G}{}^{\prime}R\}$"

Explicación: "P" (de "principio") es la relación que existe entre el primer término x de la serie formada por R y el mismo R; 21.31 dice que x pertenece al dominio, pero no al dominio converso, de R. La clase de los primeros términos de R es $sg{}^{\prime}P{}^{\prime}R$, y la de los últimos es $sg{}^{\prime}P{}^{\prime}Cnv{}^{\prime}R$.

21.32. "Min_R" en vez de "$x\hat{\alpha}\{x\varepsilon \cdot \alpha \cap C{}^{\prime}R \cap -\breve{R}{}^{\prime\prime}\alpha\}$"

21.33. "Max_R" en vez de: "$Min_{\breve{R}}$"

Explicación: Min_R es P restringido a una clase; es el mínimo de esta clase respecto a R. Max_R es el máximo.

21.4. Relaciones isomórficas

21.41. "$R \dagger S$" en vez de: "$R/S/\breve{R}$".

Explicación: Se da la relación $R \dagger S$ entre x y t cuando se tiene $(\exists y, z) xRy \cdot ySz \cdot z\breve{R}t$; gráficamente:

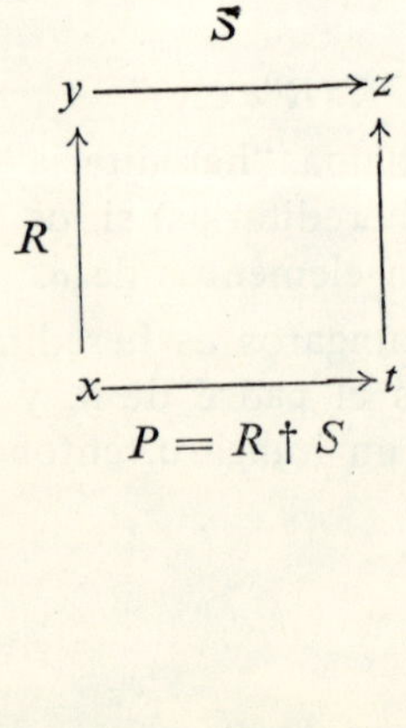

$P = R \dagger S$

$R \dagger S$ es la imagen de S sobre la base P.

21.42. "$Q smor\, S$" en vez de: "$\hat{R}\{R \varepsilon 1 \rightarrow 1 \cdot C\text{'}S = \text{C\!I}\text{'}R \cdot Q = R \dagger S\}$"

21.43. "*Smor*" en vez de: "$\hat{Q}\hat{S}\{\exists ! Q smor\, S\}$"
Explicación: Se dice que la relación Q es "isomórfica" ("smor" se toma del latín "similis ordine") respecto a S si existe al menos una relación R uno a uno tal que $P = R \dagger S$. (El isomorfismo de relaciones no debe ser confundido con el de términos; cf. 1.15.)
Ejemplos: La relación que existe entre los padres de dos condiscípulos es isomórfica respecto a la que existe entre los muchachos, en el caso de que sólo sean hijos.

REFERENCIAS: § 21.1: PM *34; § 21.2; PM *90, *91; § 21.3: PM *93; § 21.4: PM *150, *151; Carnap 1, 8.

§ 22. PROPIEDADES DE LAS RELACIONES

Este capítulo ofrece algunas definiciones elementales de ciertas propiedades comunes a amplios grupos de relaciones, tales como la reflexividad, la transitividad, conectividad, etc. Esta teoría tiene gran importancia en las ramificaciones superiores de la lógica y de la matemática, y tiene numerosas aplicaciones en otros campos.

22.1. Reflexividad

22.11. "*refl*" en vez de: "$\hat{R}(R^0 \subset \cdot R)$"

22.12. "*irr*" en vez de: "$\hat{R}(R^0 \subset \cdot \dot{-} R)$"

22.13. $R \, \varepsilon \, refl \cdot \equiv \cdot (x) : x \varepsilon C^{\text{'}}R \cdot \supset \cdot xRx$

22.14. $R \, \varepsilon \, irr \cdot \equiv \cdot (x) \sim xRx$

Explicación: *refl* es la clase de las relaciones *reflexivas,* es decir, las relaciones tales que si un x pertenece a su campo, se dan a su vez estas relaciones entre x y x. Por otra parte, *irr* es la clase de las relaciones *irreflexivas.* Ejemplos: La identidad y el amor (según Aristóteles) son relaciones reflexivas, puesto que, según este filósofo, cada ser es idéntico a sí mismo y se ama a sí mismo. Por otro lado, las relaciones de ser padre de, mayor que, vecino de, etc., son irreflexivas. Hay que destacar que existen relaciones que no son reflexivas ni irreflexivas, por ejemplo, la de cocinar para.

22.2. Simetría

22.21. "*sym*" en vez de: "$\hat{R}(\breve{R} \doteq R)$"

22.22. "*as*" en vez de: "$\hat{R}(\breve{R} \doteq \dot{-} R)$"

22.23. $R \, \varepsilon \, sym \cdot \equiv \cdot (x) \cdot xRY \equiv yRx$

22.24. $R \, \varepsilon \, as \cdot \cdot (x) \cdot xRy \equiv \sim yRx$

Explicación: *sym* es la clase de las relaciones *simétricas,* y *as* es la de las asimétricas. Como sucedía en el caso de la reflexividad, existen relaciones que no son simétricas ni asimétricas.

Ejemplos: La relación de ser colega o vecino es simétrica, mientras que las relaciones de ser mayor que, menor que, padre, hija, etc., son asimétricas.

22.3. Transitividad

22.31. "*trans*" en vez de: "$\hat{R}(R^2 \subset \cdot R)$"

22.32. "*intr*" en vez de: "$\hat{R}(R^2 \subset \cdot \dot{-} R)$"

22.33. $R \,\varepsilon\, trans : \equiv : (x, y) : (Ez) \cdot xRz \cdot zRy \cdot \supset \cdot xRy$

22.34. $R \,\varepsilon\, intr : \equiv : (x, y, z) : xRy \cdot yRz \cdot \supset \cdot \sim xRz$

Explicación: *trans* es la clase de las relaciones *transitivas*, es decir, aquellas que "se van traspasando" de un término a otro; *intr* es la clase de las relaciones *intransitivas*. Aquí volvemos a encontrar relaciones que no pertenecen a ninguna de estas dos clases.

Ejemplos: Las relaciones: a la derecha de, mayor que, menor que, igual a, idéntico a, $\supset$, $\equiv$, $=$, $\subset$, son transitivas, mientras que las de ser padre, hijo, esposo, esposa, el cuadro de, etc., son intransitivas.

22.35. $trans \cap sym \cdot \subset \cdot refl$

22.36. $as \subset irr$

22.4. Semejanza e Igualdad

22.41. "*sim*" en vez de: "$sym \cap refl$".

Explicación: *sim* (del latín *similis*) es la clase de las relaciones de semejanza, es decir, de "casi el mismo", como "casi igual", "casi el mismo color", etc. Todas ellas poseen las propiedades de simetría y de reflexividad.

22.42. "*aeq*" en vez de: "$trans \cap sym$"

Explicación: *aeq* (de *eaqualis*) es la clase de las relaciones de igualdad, es decir, de la misma forma, color, tamaño, etc. Estas relaciones son transitivas y simétricas.

22.43. $aeq \subset refl$

22.44. $aeq \subset sim$

22.5. Conectividad

22.51. "*conexa*" en vez de: "$\hat{R}\,(J \upharpoonright C^{\flat} R \cdot \subset \cdot R \cup \breve{R})$"

Explicación: Se dice que una relación R es "conexa" si siempre se da R o $\breve{R}$ entre dos objetos diferentes cualesquiera que pertenecen al campo de la relación. Ejemplo: "mayor que" es conexa en el campo de los números, puesto que, de dos números diferentes cualesquiera, uno de ellos siempre es mayor que el otro.

22.52. "*ser*" en vez de "$irr \cap trans \cap conexa$"

Explicación: Una relación forma una "serie" si es irreflexiva, transitiva y conexa. Esta relación es muy importante en matemáticas y en otras ciencias.

22.53. $ser \subset irr$

22.54. $ser \subset as$

22.55. $R \, \varepsilon \, ser \cdot \equiv \cdot \breve{R} \, \varepsilon \, ser$

REFERENCIAS: PM *201, *202, *204; Carnap 1.

§ 23. RELACIONES POLIADICAS

La teoría de las relaciones diádicas (con dos argumentos), aunque es muy importante, no es suficiente ni siquiera para el análisis más elemental en las ciencias no matemáticas. Por desgracia, es la única parte que se ha desarrollado de la lógica de relaciones. Este capítulo ofrece algunas de las definiciones fundamentales de cara a una teoría general de las relaciones.

23.1. Definiciones fundamentales

En las definiciones que siguen, "n" es una variable que hay que sustituir por enteros positivos.

23.11. "$\hat{x}_1, \ldots \hat{x}_n \; \varphi(x_1, \ldots x_n)$" en vez de: "el $\hat{x}_1, \ldots \hat{x}_n$ tal que $\varphi(x_1, \ldots x_n)$". Cf. 18.11.

23.12. "Rel_n" en vez de: "$\hat{R}\{(E\varphi) \cdot R = \hat{x}_1, \ldots \hat{x}_n[\varphi(x_1, \ldots x_n)]\}$". Cf. 18.12.

23.13. "$x_1 R(x_2, \ldots x_n)$" en vez de: "$R(x_1, \ldots x_n)$"

23.14. "Término de R" en vez de: "un término que se coloca de alguna forma en la relación R respecto a otros términos".

Explicación: Si R tiene más de 2 términos, ya no puede hablarse de los antecedentes y consecuentes de R (cf. 18.15-16), sino sólo del enésimo término de R. Lo mismo sucede en el caso del dominio converso, etc.

23.15. Las relaciones entre relaciones de más de dos términos son análogas a las que existen entre relaciones diádicas (cf. 18.2).

Ejemplos: En una relación triádica R

"$\dot{-} R$" es "$\hat{x}_1, \hat{x}_2, \hat{x}_3\{\sim R(x_1, x_2, x_3)\}$";

en dos relaciones triádicas R y S

"$R \dot{\cup} S$" es $\hat{x}_1, \hat{x}_2, \hat{x}_3\{R(x_1, x_2, x_3) \vee S(x_1, x_2, x_3)\}$".

El significado de los funtores es aquí claramente distinto del definido en el § 18.2, pero puede seguir aplicándose sin dificultades el principio de analogía (17.6).

23.16. La regla 18.32 se aplica a las relaciones de más de dos términos.

23.2. Descripciones relativas

23.21. "$R_1{}^{\prime}(x_2, \ldots x_n)$" en vez de: "$(\imath x_1)\{R(x_1, \ldots x_n)\}$". Cf. 19.11.

23.22. "$R_k{}^{\prime}(x_1, \ldots x_{k-1}, x_{k+1} \ldots x_n)$" en vez de: "$(\imath x_k)\{R(x_1, \ldots x_k, \ldots x_n)\}$".

23.23. "$\vec{R}_1{}^{)}(x_2, \ldots x_n)$" en vez de: "$\hat{x}_1\{R(x_1, \ldots x_n)\}$". Cf. 19.12.

23.24. "$\vec{R}_k{}^{)}(x_1, \ldots x_{k-1}, x_{k+1}, \ldots x_n)$" en vez de: "$\hat{x}_k\{R(x_1, \ldots x_k, \ldots x_n)\}$".

23.25. "$sg_k{}^{)}R$" en vez de: "$\vec{R}_k$". Cf. 19.14.
La teoría de descripciones multiplurales (que corresponden a las descripciones biplurales, 19.2) es muy complicada. El siguiente es un caso límite sencillo:

23.26. "$R^{))}(\alpha_2, \ldots \alpha_n)$" en vez de: "$\hat{x}_1\{(Ex_2, \ldots x_n) \cdot x_2 \,\varepsilon\, \alpha_2 \cdot x_3 \,\varepsilon\, \alpha_3 \ldots$
$\ldots x_n \,\varepsilon\, \alpha_n \cdot R(x_1, \ldots x_n)\}$". Cf. 19.21.

23.3. Conversas

23.31. Una relación con n términos tiene $n!$ — conversas.
Explicación: $n! = 1 \cdot 2 \cdot \ldots n$; de esta forma, para $n = 3$, $n! = 1 \cdot 2 \cdot 3 = 6$; una relación triádica tendrá, entonces, $6 - 1 = 5$ conversas, esto es, las que se encuentran entre los siguientes argumentos: (1): 1, 3, 2; (2): 2, 1, 3; (3): 2, 3, 1; (4): 3, 1, 2; (5): 3, 2, 1.

23.32. "$R^{(a \ldots k \ldots u)}$", en donde "$a, k, u$" son variables que ocupan el lugar de números entre 1 y n, en vez de: "$\hat{x}_a, \ldots \hat{x}_k, \ldots \hat{x}_u\{R(x_1, \ldots x_n)\}$".
Ejemplo: "$R^{(231)}$" en vez de: "$\hat{x}_2, \hat{x}_3, \hat{x}_1\{R(x_1, x_2, x_3)\}$".

23.4. Dominios y Campos

23.41. "$D_1{}^{)}R$" en vez de: "$\hat{x}_1\{(Ex_2, \ldots x_n)R(x_1, \ldots x_n)\}$". Cf. 20.11.

23.42. "$D_k{}^{)}R$" en vez de: "$\hat{x}_k\{(Ex_1, \ldots x_{k-1}, x_{k+1}, \ldots x_n)R(x_1, \ldots x_k, \ldots x_n)\}$".

20.43. Si R tiene n términos, "$C^{)}R$" en vez de: "$D_1{}^{)}R \cup D_2{}^{)}R \cup \ldots D_n{}^{)}R$"

23.44. "$R \upharpoonright_k \alpha$" en vez de: "$\hat{x}_1, \ldots \hat{x}_n\{x_k \,\varepsilon\, \alpha \cdot R(x_1, \ldots x_n)\}$"

23.45. "$R \upharpoonright \alpha$" en vez de: "$\hat{x}_1, \ldots \hat{x}_n\{x_1, \ldots x_n \,\varepsilon\, \alpha \cdot R(x_1, \ldots x_n)\}$"

23.5. Relaciones parciales

23.51. Una relación con n términos contiene $\binom{n}{m}$ relaciones parciales con m términos.

Explicación: $\binom{n}{m} = \dfrac{n \cdot (n-1) \cdot (n-2), \ldots \{(n-(m-1)\}}{m!}$

Este es el teorema utilizado para calcular los coeficientes del teorema binomial o triángulo de Pascal. Sustituyendo n y m por números de 1 a 10, se obtiene la siguiente tabla:

23.52. Número de relaciones parciales:

$n =$	$m = 2$	3	4	5	6	7	8	9	10
2	1								
3	3	1							
4	6	4	1						
5	10	10	5	1					
6	15	20	15	6	1				
7	21	35	35	21	7	1			
8	28	56	70	56	28	8	1		
9	36	84	126	126	84	36	9	1	
10	45	120	210	252	210	120	45	10	1

Ejemplo: Una relación con 4 términos $R(x, y, z, t)$ contiene 6 relaciones diádicas parciales (entre x-y, x-z, x-t, y-z, y-t y z-t), 4 relaciones triádicas (entre x-y-z, x-y-t, x z-t y y-z-t), y una relación tetrádica (R). Además, cada una tiene su conversa.

23.53. " $\left(R^{m}_{n}\right)$ " en vez de: "la relación parcial enésima de m términos contenida en R".

Ejemplo: " $\left(R^{3}_{2}\right)$ " en vez de: "la segunda relación triádica contenida en R".

Referencias: Carnap 1, 8.

V

Temas complementarios

§ 24. FORMA NORMAL O CANONICA

Además del método de evaluación presentado en el § 4, existe otro conocido como la forma "normal" o "canónica". Puesto que no puede desarrollarse antes de la teoría de las reglas (§ 9), hemos retrasado su exposición hasta ahora. Ofrecemos aquí sólo un resumen sin ninguna pretensión de rigor.

24.11. "Forma normal o canónica" en vez de: "un producto lógico, cada argumento del cual es una suma lógica de variables o de negaciones de variables".

Ejemplo: "$(p \vee \sim q) \cdot (p \vee q) \cdot (\sim p \vee r)$" es una forma normal.

24.12. Todo enunciado del sistema 8 puede transformarse en una forma normal equivalente en la que cada argumento contiene variables equiformes con todas las variables del enunciado. Esta transformación se lleva a cabo por las reglas que corresponden (mediante los procedimientos del § 9) a las leyes asociativa y distributiva de la suma y del producto (5.23-24, 5.53-54), el principio de doble negación (5.12), las leyes de De Morgan (5.27, 5.57) y las leyes 5.311 y 5.612.

Explicación: En la práctica, esto quiere decir que se debe "multiplicar" con "$\vee$" y "$\cdot$", como en el álgebra; sustituir "$\sim \sim p$" por "p", "$\sim \cdot p \vee q$" por "$\sim p \cdot \sim q$", "$\sim \cdot pq$" por "$\sim p \vee \sim q$", por "$p \supset q$" por "$\sim p \vee q$" y "$p \equiv q$" por "$p \supset q \cdot q \supset p$"; y repetir estas operaciones hasta que se obtenga la forma normal. En este caso es preferible utilizar la notación Peano-Russell con paréntesis, puesto que su similitud con el álgebra facilita la "multiplicación".

Ejemplo: Ponga en forma normal el enunciado: "$(p \supset q) \supset (\sim q \supset \sim p)$".

Aplicando 5.311 obtenemos:	(1)	$(\sim p \vee q) \supset (q \vee \sim p)$;
aplicándolo otra vez:	(2)	$\sim (\sim p \vee q) \vee (q \vee \sim p)$;
mediante la ley de De Morgan:	(3)	$(p \cdot \sim q) \vee (q \vee \sim p)$;
"multiplicando"	(4)	$(p \vee q \vee \sim p)(\sim q \vee q \vee \sim p)$,

que es la forma normal del enunciado.

24.13. *Regla:* la forma normal es una ley si, y sólo si, cada argumento del producto contiene al menos una variable junto con su equiforme precedida de una negación.

Explicación: En virtud de la regla que se apoya sobre 6.13, "$p \vee \sim p$" siempre es verdadero; por otro lado, mediante 6.26, si cualquier argumento de una alternación es verdadero, el total es verdadero; por último, el producto de enunciados verdaderos es, a su vez, verdadero (cf. 4.23). De esta forma, la regla 24.13 nos permite evaluar un enunciado.

REFERENCIAS: Hilbert A; Scholz 5; Quine 4; Łukasiewicz 7.

§ 25. LOGICA MODAL

Este capítulo contiene las nociones fundamentales de una lógica modal de enunciados, es decir, de enunciados que establecen hechos necesarios, posibles, imposibles o contingentes, o una explicación metalógica alternativa, cuya verdad o falsedad es necesaria, posible, imposible o contingente.

25.1. Funtores modales monádicos

25.11. "*Lp*" o "□*p*" en vez de: "*p*" es necesario" o "el enunciado "*p*" es necesariamente verdadero".

Explicación: "*L*" (de "lógico", puesto que lo que es lógicamente verdadero es necesariamente verdadero) se considera como el funtor indefinido en cuyos términos se definen los restantes.

25.12. "*Mp*" o "◇*p*" en vez de: "*NLNp*" o "∼ □ ∼ *p*".

Explicación: Se lee "*p* es posible". "*M*" se toma del alemán "möglich"; "◇" fue introducido por C. I. Lewis en 1918.

25.13. "*Up*" o "∼ ◇ *p*" en vez de: "*LNp*".

Explicación: Se lee "*p* es imposible".

25.14. "*Zp*" o "∼ □ *p*" en vez de: "*NLp*".

Explicación: Se lee: "*p* es contingente". Aunque aquí se define en términos de lo que no es necesario, el funtor contingente se define a veces en términos de posibilidad: *KMpMNp*; o, en otro sentido: "*p* es contingente" en vez de: "∼ *Lp* · ∼ *Up*".

25.15. Los 4 funtores monádicos *L, M, U* y *Z* presentan las cuatro modalidades fundamentales; se dice que *L* y *M* son modalidades positivas, y que *U* y *Z* son modalidades negativas.

25.2. Leyes de las modales

25.21. *CLpMp*

Explicación: Esta ley enuncia que lo que es necesario es también posible. Tomado como axioma, junto con las definiciones de 25.1, proporciona las leyes siguientes:

25.22. *CUpZp*

25.23. *DLpUp*

25.24. *AMpZp*

25.25. *JLpZp*

25.26. *ELpNMNp*

25.27. *EMpNLNp*

25.28. *EUpLNp*

25.29. *EZpNLp*

25.3. Funtores modales diádicos

25.31. "*C'pq*" o "*p* ⥽ *q*" en vez de "*LCpq*".

Explicación: Se suele leer de la siguiente forma: "*p* implica estrictamente *q*", lo cual, sin embargo, es una interpretación metalógica. Recibe el nombre de funtor de "implicación estricta", y fue introducido por Lewis en 1918 para asimilar la implicación material a la noción cotidiana de implicación y mostrar que las consecuencias de las paradojas son irrefutables.

25.32. "*E'pq*" en vez de: "*KC'pqC'qp*".

Explicación: Tenemos de esta forma una "equivalencia estricta".

Historia: La lógica modal fue descubierta por Aristóteles y desarrollada después por sus seguidores y por los Escolásticos. Lewis, en 1918, la introdujo en la lógica moderna con su sistema de "implicación estricta", estableciendo cinco sistemas distintos (S1-S5). Desde entonces se han desarrollado nuevos sistemas.

Referencias: Lewis 1, Lewis L; Feys 3; Feys 4; Emch; Becker 1; Becker 2; Behmann 2; Łukasiewicz 8; Carnap 6, Carnap 7; Wright 1, Wright 2. Historia: Becker A; Bocheński 1, Bocheński 8.

§ 26. LOGICA POLIVALENTE; LOGICA COMBINATORIA; METALOGICA FORMALIZADA

Se presentan en este capítulo unas indicaciones breves sobre tres campos desarrollados recientemente por la investigación lógica. Esta característica es la única que los tres tienen en común. Las lógicas polivalentes todavía constituyen objeto de polémica. La lógica combinatoria es algo menos discutido, en parte porque es algo que todavía no se conoce bien. Por otra parte, la metalógica formalizada es una disciplina sólidamente establecida.

26.1. Lógica Polivalente

Admitiendo sólo 2 valores, se forma una lógica *bivalente*; admitiendo 3 valores ("1", "$\frac{1}{2}$", "0", o "1", "2", "3") se obtiene una lógica *trivalente*; en general, admitir n valores (en donde "n" ocupa el lugar de un número entero positivo cualquiera) da lugar a una lógica de n valores. El número de funtores veritativos n-ádicos en una lógica de m valores es m^{m^n}. De ello se sigue el siguiente cuadro:

valores	2	3	4
funtores monádicos	4	27	256
funtores diádicos	16	19, 683	4, 294, 967, 296

De esta forma, en las lógicas con más de dos valores es posible definir muchos funtores intraducibles en términos de la lógica bivalente; por ejemplo, los funtores modales. Además, algunas leyes de la lógica bivalente dejan de ser tales en la lógica trivalente o en otras lógicas con más valores. Por ejemplo, el principio de tercero excluido no se mantiene en la lógica trivalente, puesto que realizando las sustituciones $p/\frac{1}{2}$ y $q/\frac{1}{2}$, se obtiene "$\frac{1}{2} \vee \frac{1}{2}$", que, según la definición de Łukasiewicz, da "$\frac{1}{2}$".

Según Łukasiewicz, los principales funtores de la lógica trivalente se definen así:

N	
1	0
$\frac{1}{2}$	$\frac{1}{2}$
$\frac{1}{2}$	1

A	1	$\frac{1}{2}$	0
1	1	1	1
$\frac{1}{2}$	1	$\frac{1}{2}$	$\frac{1}{2}$
0	1	$\frac{1}{2}$	0

C	1	$\frac{1}{2}$	0
1	1	$\frac{1}{2}$	0
$\frac{1}{2}$	1	1	$\frac{1}{2}$
0	1	1	1

K	1	$\frac{1}{2}$	0
1	1	$\frac{1}{2}$	0
$\frac{1}{2}$	$\frac{1}{2}$	$\frac{1}{2}$	0
0	0	0	0

26.2. Lógica Combinatoria

La lógica combinatoria es la teoría de los funtores denominados "combinadores", que hacen referencia a una operación formal realizada sobre cualquier tipo de expresión. Los principales combinadores son los siguientes: "B", llamado "componedor", transforma una expresión compuesta por tres términos, agrupando en un paréntesis el segundo y el tercero. "*C*", llamado "permutador", transforma una expresión compuesta por tres términos invirtiendo el orden del segundo y del tercero. "*I*", llamado "identificador", transforma una término en sí mismo. "*W*", llamado "duplicador", transforma una expresión compuesta por dos términos doblando (o repitiendo) el segundo término.

Estos combinadores no se aplican directamente a las expresiones de la lógica matemática clásica, sino a las fórmulas en las que aparece el funtor lambda ("λ"). Este funtor desempeña un papel semejante, pero generalizado, al de las variables con acento circunflejo ("$\hat{x}$") (15.111). Por ejemplo, la expresión "$\lambda\alpha[M]$" representa la operación que, aplicada a la "α", la transforma en la expresión "*M*". Los combinadores pueden combinarse unos con otros, posibilitando de esta forma la simplificación y generalización de la lógica.

26.3. Metalógica Formalizada

La metalógica (cf. 2.16), también denominada "semiótica", consta de tres partes: (1) *sintaxis lógica:* la teoría de las relaciones entre signos; (2) *semántica:* la teoría de las relaciones entre los signos y lo que ellos significan; (3) *pragmática:* la teoría de las relaciones entre los signos y sus usuarios. Las dos primeras partes se han formulado en términos convencionales y se han formalizado (7.51). Este procedimiento presenta las siguientes ventajas: nos permite llevar a cabo un análisis más exacto de las nociones lógicas, axiomatizar la metalógica, estudiar rigurosamente los sistemas respecto a su completud y a su no-contradicción (7.6), examinar la independencia de los axiomas (7.7), y definir con precisión los términos metalógicos que se usan constantemente en la lógica: "sistema", "deducción", "término", "variable", "expresión", etc. De esta forma, los sistemas se consideran como clases.

Generalmente, el procedimiento técnico consiste en dar una doble traducción a los términos del sistema que se está examinando, tal como se dijo en el § 9. Se coordina a cada término un signo metalógico, y se expresa mediante un símbolo especial el hecho de que el término *Y* sigue al término *X*.

La metalógica se ha revelado fructífera en las conclusiones filosóficas, sobre todo respecto a la definición de términos del tipo de "verdad", "significación", etc.

HISTORIA: Łukasiewicz (1920) y Post (1921) descubrieron de forma independiente la lógica polivalente. Esta se cultivó de forma especial en Polonia, en donde Wajsberg dio la primera axiomatización de ella (1931). Recientemente ha sido objeto de discusión en cuanto al cálculo de probabilidades y a sus implicaciones filosóficas. Reichenbach la ha desarrollado de cara a la mecánica cuántica. La lógica combinatoria, que es la rama más reciente de nuestra ciencia, fue iniciada por Schönfinkel en 1924 y desarrollada por Curry y Kleene; en 1936, Church ofreció una síntesis de los trabajos anteriores. La metalógica (llamada también "semántica") tiene precursores en la teoría de la suposición y en los tratados "de modis significandi" de la lógica medieval. Pero como disciplina exacta su historia es muy reciente. Las tres fuentes principales de la nueva disciplina son la "matematemática" de Hilbert (1905), las especulaciones sobre el lenguaje del Círculo de Viena (1929 ss.) y la rigurosa axiomatización del sistema polaco. Su desarrollo es obra, sobre todo, de Carnap, Gödel, Leśniewski y Tarski.

REFERENCIAS: § 26.1: Post; Łukasiewicz 1; Łukasiewicz 4; Feys 3; Wajsberg; Hempel; Rosser T; Reichenbach 2.
§ 26.2: Schönfinkel; Curry 1, 4; Church 4; Feys 7.
§ 26.3: Carnap 3, Carnap 4, 7; Tarski 4; puede encontrarse un buen resumen en Quine 3; Schröter 1; Scholz 2, Scholz 6; Church 6.

§ 27. LAS CATEGORIAS SINTACTICAS

Este capítulo presenta un ejemplo complementario de metalógica. Las categorías sintácticas, mencionadas en 1.22, de gran importancia para la filosofía, se definen en sus diversas especies.

27.1. Definiciones

27.11. "$SS(x, y, l)$" en vez de: "$(u, v) : : Fl(u, l) : \cdot \supset : \cdot P(x, u, l) \cdot$
$\cdot Sb(y, x, u, v) \cdot \vee \cdot P(y, u, l) \cdot Sb(x, y, u, v) : \supset : Fl(v, l)$"

Explicación: $SS(x, y, l)$ es la relación triádica mencionada en 1.22, en la que x e y pueden intercambiarse en el lenguaje l; a continuación se define esto con exactitud. "$Fl(u, l)$" dice que u es una fórmula o expresión (1.11) del lenguaje l; "$P(x, u, l)$" que x es una parte de u en el lenguaje l, es decir, que x es un signo del lenguaje l o un signo de una serie de signos de l; "$Sb(y, x, u, v)$" afirma que v es una sustitución de x por y en u.

27.12. "$CS(\alpha l)$" en vez de: "$(x, y) \cdot x, y \, \varepsilon \, \alpha \supset SS(x, y, l)$"

Explicación: "CS" en vez de "categoría sintáctica"; pero lo que aquí se define no es esto, sino la relación "α es una CS del lenguaje l", es decir, el caso en que todos los elementos de α pueden intercambiarse en el lenguaje. Genéricamente, CS es la clase de todas las clases α tales que para algún l tenemos $CS(\alpha l)$, es decir, es el dominio de CS.

27.2. División de las CS

27.21. "CSE" en vez de: "categoría sintáctica elemental o fundamental que sólo aparece como argumento, y nunca como funtor".

Explicación: Los signos que pertenecen a CSE significan algo que puede tener una propiedad, pero que no puede ser una propiedad.
Las CSE más comunes son:

27.211. "n" en vez de: "nombre individual" (cf. 1.33)

27.212. "e" en vez de: "enunciado" (cf. 1.31)

27.213. "u" en vez de: "universal o nombre de clase" (cf. 15.11).

27.22. "CSF" en vez de: "CS funcional cuyos elementos aparecen como funtores y como argumentos".

Explicación: Los elementos de *CSF* reciben el nombre de "funtores" (cf. 1.34).

Pueden clasificarse según tres criterios:

27.211. Según la CS de sus argumentos, podemos distinguir: funtores *que determinan nombres,* funtores *que determinan enunciados* y funtores *que determinan universales o clases.*

Ejemplos: Los predicados φ, ψ y χ son funtores que determinan nombres; $\vee$, $\supset$ y $\sim$ son funtores que determinan enunciados; —, $\cup$ y $\cap$ son funtores que determinan clases.

27.222. Según el número de sus argumentos, podemos distinguir: funtores *monádicos, diádicos, triádicos... n-ádicos* (cf. 1.45)

Ejemplos: $\sim$ es monádico; $\vee$ es diádico; *SS,* en 27.11, es triádico; *Sb,* en 27.11, es tetrádico.

27.223. Según la *CS* de la fórmula total resultante del funtor y de sus argumentos, podemos distinguir:

funtores *que forman nombre, que forman enunciados* o *que forman clases.*

Ejemplos: El funtor de descripción (14.22) es un funtor que determina un enunciado, monádico, y que forma un nombre; la relación *R* en 18.14 es un funtor que determina un nombre, diádico y que forma un enunciado; la descripción de clase antecedente en 19.12, $\breve{R}'y$, es un funtor que determina un enunciado, monádico y que forma una clase.

27.23. *Método de Adjukiewicz para determinar la categoría sintáctica (CS) de un funtor:*

Se forma una fracción cuyo numerador represente la *CS* de la fórmula que forma, y el denominador la *CS* de los argumentos que determina; si se determina más de un argumento, se escriben en el denominador, separadas por comas, las letras que representan los argumentos.

Ejemplos: Según este método, los ejemplos de 27.223 se podrían presentar como sigue: $\frac{\mathrm{n}}{\mathrm{s}}$; $\frac{\mathrm{s}}{\mathrm{n,n}}$; $\frac{\mathrm{u}}{\mathrm{s}}$.

En el caso de *CNpCpNq* tenemos:

$$\frac{s}{\frac{\mathrm{s}}{\mathrm{s}},\ \frac{\mathrm{s}}{\mathrm{s},\,\frac{\mathrm{s}}{\mathrm{s}}}}$$

En este último, la "*s*" del numerador indica que la expresión total que se ha formado es un enunciado; la primera fracción del denominador representa "*Np*", que es un funtor que forma un enunciado, que determina un enunciado, y que es monádico, mientras que la segunda fracción representa "*CpNq*", que es, a su vez, un enunciado formado determinando un enunciado "*p*" y otro enunciado "*Nq*" que se forma a partir de otro enunciado "*q*" y de un funtor "*N*", que determina un enunciado y que es monádico.

27.3. Ley fundamental de las CS

27.31. $(x, l): Fl(x, l) \cdot \supset \cdot (E\alpha) \cdot CS(\alpha, l) \cdot x \varepsilon \alpha$

Explicación: Todas las fórmulas o expresiones de un lenguaje pertenecen a una *CS* de este lenguaje.

HISTORIA: La idea de CS procede de Husserl, aunque se encuentra algo parecido en Aristóteles y en los Escolásticos. El desarrollo riguroso de esta teoría se debe a Leśniewski y a Ajdukiewicz.

REFERENCIAS: Leśniewski 2; Ajdukiewicz 2; Bocheński 7.

TABLA DE SIGNOS LOGICOS

2.13. ⌜ ⌝
2.3. ( ), [ ], { }
2.4. ·, :, ·:, ::
3.11. *1, 0*
3.12. =
3.23. —, ∼, *N*
3.32. *V, A, B,*
C, D, E,
F, G, O,
X, M, L,
K, J, I, H
3.41. ∨, *A*
3.51. ⊃, →, *C*
3.61. |, *D*
3.71. ·, &, *K*
3.81. ≡, ∼, *E*
8.11. *p, q, r, s*
8.51. /
9.5. —, +, →, =
/, ×,
⊢, $\frac{\vdash X}{\vdash Y}$, ∞
10.001. *a, b, m,*
A
E, I, O
11.11. *a, b, c, d*
11.12. *x, y, z, t*
11.13 *φ, ψ, χ*
11.15. *φx*
11.21. (*x*), *Πx*
11.22. (*Ex*), (∃*x*), *Σx*
13.11 *φ*(*x, y*)
13.12. (*x, y*), *Πxy*
13.13. (*Ex, y*), *Σxy*
14.11. =
14.12. ≠
14.16. *I*
14.17. *J*
14.22. (℩*x*)
14.23. *E!*
15.11. *x̂*
15.111. *λ*
15.12. *Cls, α, β, γ*
15.13. *ε*
15.14. ∼ *ε*
15.21. — *α*
15.22. ∪
15.23. ∩
15.24. ∥
15.25. ⊂
15.26. =
15.41 V
15.42. Λ
15.43. ∃!
15.61. [*x*]
15.62. [*x, y*]
15.63. 1
15.64. 2
18.11. *x̂ŷ*{*φx, y*}
18.12. *Rel*
18.14. *xRy*
18.21. ∸
18.22. ⊍
18.23. ⩀
18.24. ∥̇
18.25 ⋐
18.26. ≐
18.27. V̇
18.28. Λ̇
18.29. ∃̇!
19.11. *R'y*
19.12. *R⃗'y*
19.13. *R⃖'x*
19.14. *sg'R*
19.15. *gs'R*
19.21. *R''β*
19.31. *Ř*
19.32. *Cnv*
20.11. *D'R*
20.12. *Ɑ'R*
20.13. *C'R*
20.31. *α*↿*R*
20.32. *R*↾*β*
20.34. *R*⫾*α*

20.35. $\uparrow$
20.37. $\downarrow$
20.41. $1 \to Cls$
20.42. $Cls \to 1$
20.43. $1 \to 1$
21.11. $R \mid S$
21.12. R^2
21.13. R^3
21.14. R^n
21.15. R^0
21.21. *her*
21.21. R_*
21.23. R_{p0}
21.31. P
21.32. Min_R
21.33. Max_R
21.41. $R \dagger S$
21.42. $\overline{smor}$
21.43. *Smor*

22.11. *refl*
22.12. *irr*
22.21. *sym*
22.22. *as*
22.31. *trans*
22.32. *intr*
22.41. *sim*
22.42. *aeq*
22.51. *conexa*
22.52. *ser*
23.12. Rel_n
23.21. $R_1{}^{\prime}(x_2, \ldots x_n)$
23.22. $R_k{}^{\prime}$
23.23. $\vec{R}_1{}^{\prime}$
23.24. $\vec{R}_k{}^{\prime}$
23.25. $sg_k{}^{\prime}R$
23.26. $R^{\prime\prime}(\alpha_2, \ldots \alpha_n)$
23.32. $R^{(a \ldots k \ldots u)}$
23.41. $D_1{}^{\prime}R$
23.42. $D_k{}^{\prime}R$

23.43. $C^{\prime}R$
23.44. $R \upharpoonright_k \alpha$
23.45. $R \upharpoonright \alpha$
23.53. (R^m_n)
25.11. L, $\Box$
25.12. M, $\Diamond$
25.13. U
25.14. Z
25.31. $C^{\prime}$, $\prec$
25.32. $E^{\prime}$
26.2 λ,
B, C, I, W
27.11. *SS*
27.12. *CS*
27.21. *CSE*
27.211. *n*
27.212. *e*
27.213. *u*
27.22. *CSF*

BIBLIOGRAFIA

Abreviaturas: "JSL", "The Journal of Symbolic Logic".
"PM", "Principia Mathematica".

ACKERMANN, W. (1) *Ein System der typenfreien Logik I*, Leipzig, 1941.

ACKERMANN, W (2) *Solvable Cases of the Decision Problem*, Amsterdam, 1955. Cf. Hilbert

AJDUKIEWICZ, K. (1) *Założenia logiki tradycyjnej* (Supuestos de la Lógica Tradicional), Przegl. Filozoficzny 29, 1926/7.

AJDUKIEWICZ, K. (2) *Die syntaktische Konnexität*, Studia Philosophica (Lwów) I, 1935.

AJDUKIEWICZ, K. (3) *Über die Anwendbarkeit der reinen Logik auf philosophische Probleme*. Actes du VIe Congr. Int. de Philos. Prague, 1936.

ARISTOTLE, *Prior and Posterior Analytics*, ed. D. Ross, Oxford, 1949.

BANKS, P. *On the philosophical interpretation of Logic: an Aristotelian Dialogue*, Dominican Studies (Oxford) III/2 (1950), p. 139 ss.

BECKER, A. *Die Aristotelische Theorie der Möglichkeitsschlüsse*, Berlin, 1933.

BECKER, O. (1) *Zur Logik der Modalitäten*, Jahrb. f. Phil. u. Phän. Forsch. 11 (1930).

BECKER, O. (2) *Untersuchungen über den Modalkalkül*, Meisenheim, 1952.

BEHMANN, H. (1) *Zu den Widerspruchen der Logik und Mengenlehre*, Jahresber. d. Math. Ver. 40 (1931).

BEHMANN, H. (2) *Die typenfreie Logik und die Modalität*, Actes du XIème Congr. d. Philos. Bruxelles, XIV (1953), p. 88 ss.

BENNET, A. A. and CH. A. BAYLIS, *Formal Logic*, New York, 1939.

BERKELEY, E. C. *Conditions affecting the application of symbolic logic*, JSL 7, 1942.

BERNAYS, P. *A System of axiomatic Set Theory*, JSL 2, 1937; 6, 1941; 7, 1942; 8, 1943.

BETH, E. W. (1) *Inleiding tot de wijsbegeerte der wiskunde*, Antwerp, 1940, 2.ª ed. 1948.

BETH, E. W. (2) *Summulae Logicales*, Groningen, 1942.

BETH, E. W. (3) *Geschiedenis der Logica*, Den Haag, 1944.

BETH, E. W. (4) *Symbolische Logik und Grundlegung der exakten Wissenschaften*. (Bibl. Einf. i. d. Stud. d. Philos. ed. I. M. Bocheński, N. 3) Bern, 1948.

BETH, E. W. (5) *Les fondements de mathématique*, Louvain, 1950.

BLACK, H. (1) *The Nature of Mathematics*, New York, 1934, repr. 1952.

BLACK, H. (2) *A New Method of Presentation of the Theory of the Syllogism*, Journal of Philosophy, 1945.

BOCHEŃSKI, J. M. (1) *Notes historiques sur les propositions modales*, Révue des Sciences Philos et Théol. 26. 1937.

BOCHEŃSKI, J. M. (2) *De consequentiis Scholasticorum eorumque origine*, Angelicum 15, 1938.

BOCHEŃSKI, J. M. (3) *La logique de Théophraste*, Fribourg, 1947.

BOCHEŃSKI, J. M. (4) *On the Categorical Syllogism,* Dominican Studies (Oxford) I 1948, p. 35 ss.
BOCHEŃSKI, J. M. (5) *On Analogy.* The Thomist XI/4 (1948), p. 424 ss.
BOCHEŃSKI, J. M. (6) *On Syntactical Categories.* New Scholasticism 23/5 (1949), p. 257 ss.
BOCHEŃSKI, J. M. (7) *Ancient Formal Logic,* Amsterdam, 1951.
BOCHEŃSKI, J. M. (8) *Formale Logik: Problemgeschichte,* Freiburg-i-B 1956, trad. inglesa de Ivo Thomas, Notre Dame, 1960.
BOEHNER, P. *Medieval Logic. An Outline of Its Development from 1250-c.1400,* Manchester, 1952.
BOOLE, G. (1) *The Mathematical Analysis of Logic,* Cambridge, 1847, repr. 1947.
BOOLE, G. (2) *An Investigation of the Laws of Thought,* London, 1854, repr. New York, n.d. *Cf. Celebration of the centenary of the LAWS OF THOUGHT,* Royal Irish Acad. 57/6, 1955.
CARNAP, R. (1) *Abriss der Logistik,* Wien, 1929.
CARNAP, R. (2) *Logische Syntax der Sprache,* Wien, 1934, trad. ingl. *The Logical Syntax of Language,* New York, 1937.
CARNAP, R. (3) *Foundations of Logic and Mathematics.* Inter. Encycl. of Unified Science I/3, Chicago, 1939.
CARNAP, R. (4) *Introduction to Semantics,* Cambridge Mass. 1942 3rd edit. 1948.
CARNAP, R. (5) *Formalization of Logic,* Cambridge Mass. 1943.
CARNAP, R. (6) *Modalities and quantification.* JSL 11, 1946.
CARNAP, R. (7) *Meaning and Necessity: A Study in Semantics and Modal Logic,* Chicago 1947; 2.ª ed. 1956.
CARNAP, R. (8)*Introduction to Symbolical Logic and its Applications,* New York, 1958.
CHURCH, A. (1) *A Bibliography of Symbolic Logic,* JSL 1, 1936, 3, 1938.
CHURCH, A. (2) *A Formulation of the Simple Theory of Types,* JSL 5, 1940.
CHURCH, A. (3) *Conditioned Disjunction as a primitive Connective for the Propositional Calculus. Portugaliae* Math 7/2 (1948), p. 87 ss.
CHURCH, A. (4) *The Calculus of Lambda Conversion.* Princeton, 1941.
CHURCH, A. (5) *A Brief Bibliography of Formal Logic.* Proc. Amer. Acad. Arts and Sci, 80, 1952.
CHURCH, A. (6) *Introduction to Mathematical Logic,* Vol I, Princeton, 1956.
CHWISTEK, L. (1) *Antynomie Logiki formalnej.* Przegl. Filozoficzna 24, 1921.
CHWISTEK, L. (2) *The Theory of Constructive Types.* Ann. de la soc. Pol. des mathèm. 2, 1924.
CHWISTEK, L. (3) *New Foundations of formal Metamathematics,* JSL 3, 1938.
COOLEY, J. C. *A Primer of Formal Logic,* New York, 1942.
COPI, I. *Symbolical Logic,* New York, 1954.
COUTURAT, L. *La logique de Leibniz d'après des documents inédits.* Paris, 1901.
CURRY, H. B. (1) *Grundlagen der krombinatorischen Logik.* Amer. Journ. of Math. 52, 1930.
CURRY, H. B. (2) *On the Use of Dots as Brackets in Logical Expressions,* JSL 2, 1937.
CURRY, H. B. (3) *A Mathematical Treatment of the Rules of the Syllogism,* Mind, 45 (1936), p. 209 ss.
CURRY, H. B. (4) R. FEYS, W. CRAIG, *Combinatory Logic,* Amsterdam, 1958.
DOPP, J. Leçons de logique formelle, 3 vols. Louvain, 1950.
DUBLISLAV, W. (1) *Die Definition,* 2.ª ed. Berlin 1927.

DUBLISLAV, W. (2) *Die Philosophie der Mathematik in der Gegenwart,* Berlin, 1932.
DÜRR, K. (1) *Aussagenlogik im Mittelalter,* Erkenntnis 7, 1938.
DÜRR, K. (2) *Lehrbuch der Logistik,* Basel, 1954.
EMCH, A. F. *Deducibility with respect to Necessary and Impossible Propositions,* JSL 2, 1937.
FEYS, R. (1) *La transcription logistique du raisonnement,* Rev. Néoscol. d. Philos. 26-27, 1924-25.
FEYS, R.(2) *La raisonnement en termes de faits dans la logique russellienne,* ibid. 29-30, 1927-28.
FEYS, R. (3) *Les logiques nouvelles de la modalité,* ibid. 40-41, 1937-38.
FEYS, R. (4) *Directions nouvelles de la logistique aux États-Unis,* ibid. 44, 1946.
FEYS, R. (5) *Logistiek I.* Antwerpen-Nijmegen, 1944.
FEYS, R. (6) *Les méthodes récentes de déduction naturelle,* Rev. Philos. de Louvain 44, 1946.
FEYS, R. (7) *La technique de la logique combinatoire,* ibid. 44, 1946. Cf. Curry 4.
FITCH, F. B. (1) *ASystem of Formal Logic without an analogue to the Curry W-Operator,* JSL 1, 1936.
FITCH, F. B. (2) *Symbolic Logic,* New York, 1952.
FRAENKEL, A. et Y. BAR-HILLEL, *Le problème des antinomies et ses développements récentes,* Rev. d. metaphys et d. morale, 46, 1939.
FREGE, G. (1) *Begriffsschrift,* Halle, 1879.
FREGE, G. (2) *Grundlagen der Arithmetik,* Breslau, 1884; *Foundations of Arithmetic,* trad. ingl. de J. Austin, Oxford, 1953.
FREGE, G. (3) *Funktion und Begriff,* Jena, 1891, trad. ingl. en *Philosophical Writings of Gottlob* Frege, de P. Geach, M. Black, Oxford, 1952.
FREGE, G. (4) *Grundgesetze der Arithmetik,* Jena I 1893, II 1903.
GENTZEN, G. *Untersuchungen über das logische Schliessen,* Math. Zeitschr. 39, 1934.
GÖDEL, K. *Über formal unentscheidbare Sätze der Principia Mathematica und verwandter Systeme,* Monatshefte Math. Phys. 38, 1930.
GONSETH, F. (1) *Les fondements des mathématiques,* Paris, 1926.
GONSETH, F. (2) *Qu'est-ce que la logique,* Paris, 1937.
GONSETH, F. (3) *Les entretiens de Zürich sur les fondements et la méthode des sciences mathématiques,* Zürich, 1941.
GOODSTEIN, R. L. *Mathematical Logic,* Leicester, 1957.
GREENWOOD, TH. *Les fondements de la logique symbolique,* 2 vols., Paris, 1938.
HEMPEL, C. G. *A purely topological form of non-Aristotelian Logic,* JSL 2, 1937.
HEYTING, A. (1) *Die formalen Regeln der intuitionistischen Logik,* Sitzungsber. d. Preuss. Ak. d. Wiss. Math. Phys. Kl. 1930.
HEYTING, A. (2) *Die intuitionistische Grundlegung der Mathematik,* Erkenntnis 2, 1932.
HEYTING, A. (3) *Mathematische Grundlagenforschung: Intuitionismus - Beweistheorie.* Erg. d. Math. III. 4, Berlin, 1934.
HEYTING, A. (4) *Intuitionism: An Introduction,* Amsterdam, 1956.
HILBERT, D. und W. ACKERMANN, *Grundzüge der theoretischen Logik,* Berlin, 1928, trans. *Principles of Mathematical Logic,* New York, 1950.
HILBERT, D. und P. BERNAYS, *Grundlagen der Mathematik,* Berlin, I, 1934; II, 1939, repr. Ann Arbor, Mich. 1944.

HUNTINGTON, E. V. *Sets of Independent Postulates for the Algebra of Logic,* Trans. Amer. Math. Soc. 5, 1904.

HUSSERL, E. *Logische Untersuchungen,* Halle, I, 1900; II, 1901.

JAŚKOWSKI, S. *On the rules of Suppositions in Formal Logic,* Studia Logica 1, Warsaw, 1934.

JÖRGENSEN, J. (1) *A Treatise of Formal Logic,* 3 vols. London-Copenhagen, 1931.

JÖRGENSEN, J. (2) *Einige Hauptpunkte der Entwicklung der formalen Logik seit Boole,* Erkenntnis 5, 1935.

JORDAN, Z. *The Development of Mathematical Logic and of Logical Positivism in Poland,* London, 1945.

KEYNES, J. N. *Studies and Exercises in Formal Logic,* London 1894; 4.ª ed. 1906.

KLEENE, S. C. (1) *A theory of positive integers in formal logic,* Am. Jour. of Math. 57, 1935.

KLEENE, S. C. (2) *Introduction to Metamathematics,* New York, 1952.

KLUG, U. *Juristische Logik,* Berlin, 1951.

KURATOWSKI, K. *Sur la notion de l'ordre dans la théorie des ensembles,* Fundamenta Math. 2, 1921.

LADRIÈRE, J. *Les limitations internes des formalismes,* Louvain, 1957.

LEBLANC, H. *An Introduction to Deductive Logic,* New York, 1955.

LEŚNIEWSKI, S. (1) *Über die Grundlagen des Ontologie,* C. r. de la Soc. des Sc. et d. Lettres de Varsovie, 61, III, 1930.

LEŚNIEWSKI, S. (2) *Grundzüge eines neuen Systems der Grundlagen der Mathematik,* Warschau, 1938.

LEŚNIEWSKI, S. (3) *Einleitende Bemerkungen zur Fortsetzung meiner Mitteilung u. d. T. "Grundzüge...",* Warschau, 1938.

LEWIS, C. I. (1) *A Survey of Symbolic Logic,* Berkeley, 1918.

LEWIS, C. I. (2) y C. H. LANGFORD, *Symbolic Logic,* New Yorq, 1936, reimpr. 1952.

ŁUKASIEWICZ, J. (1) *O Logice tròjwartościowej* (Sobre lógica trivalente), Ruch Filozoficzny 5, 1920.

ŁUKASIEWICZ, J. (2) *Logika dwuwartosciowa* (Lógica bivalente), Przeglad Filozoficzny 23, 1931.

ŁUKASIEWICZ, J. (3) *Elementy logiki matematycznej,* Warszawa, 1929.

ŁUKASIEWICZ, J. (4) *Philosophische Bemerkungen zu mehrwertigen Systemen des Aussagenkalküls,* C.r. Soc. d. Sc. et d. Lettres Varosvie, C. III, 23, 1930.

ŁUKASIEWICZ, J. (5) *Zur Geschichte der Aussagenlogik,* Erkenntnis 5, 1935-36.

ŁUKASIEWICZ, J. (6) *Die Logik und das Grundlagenproblem,* en Gonseth 3.

ŁUKASIEWICZ, J. (7) *Aristotle's Syllogistic from the Standpoint of Modern Formal Logic,* Oxford, 1951; 2.ª ed. 1955.

ŁUKASIEWICZ, J. (8) *A system of Modal Logic,* Actes du XIème Congr. Int. d.Philos. Bruxelles, 1953, Vol. XIV, p. 82, ff.

ŁUKASIEWICZ, J. (9) *A System of Modal Logic,* en Journ. of Computing Systems I, 1953.

ŁUKASIEWICZ, J. y A. TARSKI, *Untersuchungen über den Aussagenkalkül,* C. R. Soc. d. Sc. et d. Lettres Varsovie, Cl. III, 23, 1930.

MATES, B. *Stoic Logic* (Diss), Berkeley, Los Angeles, 1953.

MENGER, K. *Moral, Wille, Weltgestaltung, Grundlegung der Logik der Sitten,* Wien, 1934.

MENNE, A. *Logik und Existenz,* Meisenheim, 1954.

MILLER, J. W. *The Structure of Aritotelian Logic,* London, 1938.

MOISIL, G. C. (1) *Recherches sur l'algèbre de la logique,* Ann. scient. de l'Université de Jassy 22, 1936.
MOISIL, G. C. (2) *Recherches sur le syllogisme,* ibid. 25, 1939.
MOODY, E. *Truth and Consequence in Mediaeval Logic,* Amsterdam, 1953.
MOORE, G. E. *Russell's «Theory of Descriptions»* en *The Philosophy of Bertrand Russell,* ed. P. A. Schilpp, Evanstin, Chicago, 1944.
MORGAN, A. DE (1) *Formal Logic,* London, 1847; repr. 1926.
MORGAN, A. DE (2) *On the Syllogism No. IV and on the Logic of Relations,* Trans. Cambr. Philos. Soc. 10, 1864.
MOSTOWSKI, A. *Sentences Undecidable in Formalized Arithmetic,* Amsterdam, 1952.
NICOD, J. A. *A reduction in the number of primitive propositions of logic,* Proc. Cambr. Philos. Soc. 19, 1917/20.
OPPENHEIM, F. E. *Outline of a logical Analysis of Law,* Philos. of Science 11, 1944.
PEANO, G. (1) *Formulaire mathématique,* I Turin, 1895; II/1 Turin, 1897; II/2 Turin 1898; II/3 Turin 1899; III Paris, 1901; IV Turin, 1902-03.
PEANO, G. (2) *Formulario matematico,* V Torino, 1905-08.
PEIRCE, C. S. *Collectec Papers,* Vols. 1-6 ed. C. Hartshorne y P. Weiss; Vols. 7-8 ed. A. Burks, Cambridge, 1931-36; 1958.
P. M., A. N. WHITEHEAD y B. RUSELL, *Principia Mathematica,* Cambridge, I. 1910, II, 1912, III, 1913; 2.ª ed. 1925-27; reimpr. 1950.
POPPER, K. R. *New Foundations for Logic,* Mind, 56, 1947.
POST, E. L. *Introduction to a general theory of propositions,* Am. Journ. of Math, 43, 1921.
PRIOR, A. N. *Formal Logic,* Oxford, 1955.
QUINE, W. V. O. (1) *A System of Logistic,* Cambridge, Mass. 1934.
QUINE, W. V. O. (2) *On the Theory of Types,* JSL 3, 1938.
QUINE, W. V. O. (3) *Mathematical Logic,* New York, 1940; 2.ª ed. Cambridge, 1951.
QUINE, W. V. O. (4) *Elementary Logic,* Boston, 1941.
QUINE, W. V. O. (5) *On the Logic of Quantification,* JSL 10, 1945.
QUINE, W. V. O. (6) *New Foundations of Mathematical Logic,* Am. Math. Monthly 44, 1937.
QUINE, W. V. O. (7) *Three grades of Modal Involvement,* Actes du XIème Congr. Int. Philos. Bruxelles, 1953, Vol. XIV, p. 65 ss.
QUINE, W. V. O. (8) *Methods of Logic,* New York, 1950.
QUINE, W. V. O. (9) *From a Logical Point of View,* Cambridge, 1953.
RAMSEY, F. P. *The Foundations of Mathematics and Other Essays,* London, 1931; repr. 1954.
REICHENBACH, H. (1) *Elements of Symbolic Logic,* New York, 1947.
REICHENBACH, H. (2) *Philosophische Grundlagen der Quantenmechanik,* Zürich, 1949.
ROSENBLOOM, P. C. *The Elements of Mathematical Logic,* New York, 1950.
ROSSER, J. B. *Logic for Mathematicians,* New York, 1953.
ROSSER, J. B. y A. R. TURQUETTE, *Many-valued Logics,* Amsterdam, 1952.
RUSSELL, B. A. W. (1) *The Principles of Mathematics,* Cambridge, 1903; 2.ª ed. 1938; reimpr. 1951.
RUSSELL, B. A. W. (2) *On Denoting,* Mind 14, 1905; reimpr. en *Logic and Knowledge; Essays* 1901-1950, New York, 1956.
RUSSELL, B. A. W. (3) *Introduction to Mathematical Philosophy,* London, 1919.

RUSSELL, B. A. W. (4) *Mathematical Logic as based on the Theory of Types*, Am. Journ. of Math. 3, 1908, p. 222 ss.
Cf. P.M.

RÜSTOW, A. *Der Lügner, Theorie, Geschichte und Auflösung* (Diss. Erlangen), Leipzig, 1910.

SALAMUCHA, J. *Pojawienie sie zagadnien antynominalnych na gruncie Logiki sredniowiecznej* (El problema de las paradojas en la lógica medieval), Przeglad Filozoficzney, 40, 1937.

SCHMIDT, A. *Mathematische Grundlagenforschung*, Enz. d. math. Wiss. Bd. I, 1, Heft 1, Teil II.

SCHÖNFINKEL, M. *Über die Bausteine der mathematischen Logik*, Math. Ann. 42, 1925.

SCHOLZ, H. (1) *Geschichte der Logik*, Berlin, 1931.

SCHOLZ, H. (2) *Leibniz und die mathematische Grundlagenforschung*, Jahresber. d. deutsch. Math. Vers. 52, 1942.

SCHOLZ, H. (3) *Metaphysik als strenge Wissenschaft*, Köln, 1941.

SCHOLZ, H. (4) *Logik, Grammatik, Metaphysik*, Arch. f. Rechts- u. Soz.-Philos. XXXVI/3, p. 393 ss.

SCHOLZ, H. (5) *Grundzüge der mathematischen Logik*. 2 Bde. Münster, 1950-51.

SCHOLZ, H. (6) *Zur Erhellung des Verstehens*, in Geistige Gestalten und Probleme. Eduard Spranger zum 60 Geburtstag. Leipzig, 1942, p. 291.

SCHOLZ, H. y H. HERMES, *Mathematische Logik*, Enz. d. math. Wiss. Bd. I 1, Heft 1, Teil 1.

SCHRÖDER, E. *Vorlesungen über die Algebra der Logik*, Leipzig I, 1890; II 1, 1891; II 2, 1905; III, 1895.

SCHRÖTER, K. (1) *Ein allgemeiner Kalkülbegriff*, Leipzig, 1941.

SCHRÖTER, K. (2) *Axiomatisierung der Fregeschen Aussagekalküle*, Leipzig, 1943.

SKOLEM, T. *Über einige Grundlagenfragen der Mathematik*, Skrifter utgitt av Det Norske Videnskaps-Akademi, Oslo, 1929.

SOBOCINSKI, B. (1) *Aksjomatyzacja implikacyjno-Konjunkcyjnej teorii dedukcji*, Przegl. Filozoficzney, 38, 1935.

SOBOCINSKI, B. (2) *Aksjomatyzacja pewnych wielowartościowych systemów teorii deduckji* (Axiomatización de algunos sistemas polivalentes de la teoría de la deducción). Rocznicki Zrzesz, asyst. Uniw. J. P. Warszawa, 1936.

SOBOCINSKI, B. (3) *An Investigation of Protothetic*, Edit. de l'Instit. d'Etudes Polon. en Belgique, Brussels, 1949.

SUPPES, P. *Introduction to Logic*. New York, 1957.

TARSKI, A. (1) *Fundamentales Begriffe der Methodologie der deduktiven Wissenschaften*, Monatshefte, f. Math. u. Phys. 37, 1930.

TARSKI, A. (2) *Der Wahrheitsbegriff in den formalisierten Sprachen*, Studia Philos. (Lwów) I, 1935.

TARSKI, A. (3) *Wahrscheinlichkeitslehre und mehrwertige Logik*, Erkenntnis 5, 1936.

TARSKI, A. (4) *Grundzüge des Systemenkalküls* I, Fundam. Math. 25-26, 1935-36.

TARSKI, A. (5) *On the Calculus of Relations*, JSL 6, 1941.

TARSKI, A. (6) *Introduction to Logic and to Methodology of deductive Sciences*, New York, 1941.

TARSKI, A. (7) *Logic, Semantics, Metamathematics. Papers from 1923 to 1938*, trad. J. H. Woodger, Oxford, 1956.

TARSKI, A. (8) and R. ROBINSON, *Undecidable Theories,* Amsterdam, 1953.
THOMAS, IVO (1) *Logic and Theology,* Dominican Studies I (1948).
THOMAS, IVO (2) *CS(n): An extension of CS,* Dominican Studies II (1949).
THOMAS, IVO (3) *A New Decision Procedure for Aristotle's Syllogistic,* Mind, 61, 1952.
THOMAS, IVO (4) *The Faris System and Syllogistic,* JSL 20, 1955.
TURING, A. M. *The Use of Dots as Brackets in Church's System,* JSL 7, 1942.
USHENKO, A. M. *The Problems of Logic,* London, 1941.
WAJSBERG, M. *Aksjomatyzacja trojwartsciowego rachunku zdán* (Axiomatización del cálculo de enunciados trivalentes), C. r. Soc. Sc. et Lettres de Varsovie, 24, 1931.
WEDBERG, A. *The Aristotelian Theory of Classes,* Ajatus, Eripainos Filosofisen Yhdistuksa, Vuosikirjada (Helsinki) V (1948), p. 299 ss.
WHITEHEAD, Cf. PM.
WIENER, N. *A Simplification of the Logic of Relations,* Proc. Cambr. Philos. Soc. 17, 1912/14.
WITTGENSTEIN, L. *Tractatus Logico-Philosophicus,* London, 1922, reimpr. London, 1951.
WRIGHT, G. H. VAN (1) *An Essay in Modal Logic,* Amsterdam, 1951.
WRIGHT, G. H. VAN (2) *A New System of Modal Logic,* Actes du XIème Congr. Int. de Philos. Bruxelles, 1953, Vol. V, p. 59 ss.
WOODGER, J. H. (1) *The Axiomatic Method in Biology* (con un apéndice de Tarski), Cambridge, 1937.
WOODGER, J. H. (2) *The Formulation of a Psychological Theory,* Erkenntnis 7, 1937.
WOODGER, J. H. (3) *The Technique of Theory Construction,* Intern. Encyc. Unified Sci. II/5, Chicago, 1935.
WOODGER, J. H. (4) *Biology and Language,* Cambridge, 1952.
ZERMELO, E. *Untersuchungen über die Grundlagen der Mengenlehre,* Math. Ann. 65, 1908.

BIBLIOGRAFIA EN ESPAÑOL

I

ARISTÓTELES. *Analítica primera - Analítica posterior.* En «Obras». Trad. de F. de P. Samaranch. Madrid. Aguilar, 1964, pp. 275-528.
BETH, *E. W. Las paradojas de la lógica.* Tr. y selección de textos: J. M. Lorente y A. Antón. Forma parte de la obra «The Foundations of mathematics». Valencia. Dpto. de Lógica y Fil. de la Ciencia, 1975, 79 pp.
BOCHENSKI, I. M. *Historia de la lógica formal.* Tr. de M. Bravo Lozano. Madrid. Gredos, 1966, 595 pp.
BOOLE, G. *Análisis matemático de la lógica. Investigación sobre las leyes del pensamiento.* Trad. parcial de A. Asti Vera. Incluidos en la obra «G. Boole, precursor de la lógica simbólica», de A. Asti Vera. Departamento de Filología. Facultad de Filosofía y Letras. Universidad de Buenos Aires, pp. 53-193.
CURRY, H. B., y FEYS, R. *Lógica combinatoria.* Trad. de M. Sacristán. Madrid. Tecnos, 1967, 508 pp.

FREGE, G. *Función y concepto.* Tr. de U. Molines. Incluído en la obra «Estudios sobre semántica», editada por J. Mosterín. Barcelona. Ariel, 1971, pp. 15-48.

FREGE, G. *Los Fundamentos de la Aritmética.* Tr. de V. Moulines. Barcelona. Laia, 1972.

FREGE, G. *Conceptografía.* México. UNAM. Tr. H. Padilla, 1972.

HILBERT, D., y ACKERMANN, W. *Elementos de lógica teórica.* Tr. de V. Sánchez de Zavala. Madrid. Tecnos, 1962, 213 pp.

HUSSERL, E. *Investigaciones lógicas.* Trad. de M. G. Morente y J. Gaos. Madrid. Revista de Occidente, 1969, 1967 (2.ª ed.), 2 vols.

KLEENE, S. C. *Introducción a la metamatemática.* Trad. M. Garrido, con R. Beneyto, J. Sanmartín y E. Casaban. Madrid. Tecnos, 1974, 494 pp.

LADRIÈRE, J. *Limitaciones internas de los formalismos.* Trad. de J. Blasco. Madrid. Tecnos, 1969, 545 pp.

ŁUKASIEWICZ, J. *Para una historia de la lógica de enunciados.* Trad. de J. Sanmartín Esplugues. Departam. de Lógica y Fil. de la Ciencia. Univ. de Valencia, 1974, 41 páginas.

QUINE, W. V. O.*Lógica matemática.* Trad. de J. Hierro S.-Pescador. Madrid. Revista de Occidente, 1972, 338 pp.

QUINE, W. V. O.*Desde un punto de vista lógico.* Trad. de M. Sacristán. Barcelona. Ariel, 1962, 248 pp.

QUINE, W. V. O. *Los métodos de la Lógica.* Trad. M. Sacristán. Barcelona. Ariel, 1962.

RUSSELL, B. *Introducción a la filosofía matemática.* Trad. J. B. Molinari. Buenos Aires. Losada, 1945.

RUSSELL, B. *Los principios de la matemática.* Trad. de J. C. Grimbery. Madrid. Espasa-Calpe, 1967 (2.ª ed.), 619 pp.

RUSSELL, B. *Sobre la denotación. La lógica matemática y su fundamentación en la teoría de los tipos.* Trad. de J. Muguerza. Incluídos en la obra «Lógica y conocimiento», editada por R. Ch. Marsh. Madrid. Taurus, 1966, pp. 51-144.

SUPPES, P. *Introducción a la Lógica Simbólica.* Trad. G. Aguirre. México, C.E.C., 1966.

TARSKI, A. *Introducción a la lógica y a la metodología de las ciencias deductivas.* Trad. de T. R. Bachiller y J. R. Fuentes. Madrid. Espasa-Calpe, 1968 (2.ª edición conforme a la 3.ª inglesa), 285 pp.

WITTGENSTEIN, L. *Tractatus logico-philosophicus.* Trad. de E. Tierno Galván. Madrid. Alianza Ed., 1973 (2.ª ed.), 223 pp.

WRIGHT, G. H. VAN. *Ensayo de Lógica modal.* Trad. de A. A. Demarchi. B. Aires. Santiago Rueda, 1970; 130 pp.

II

AGAZZI, E. *La lógica simbólica.* Trad. de J. Pérez Ballestar. Barcelona. Herder, 1967, 355 pp.

BOCHENSKI, J. M. *La lógica de la religión.* Trad. de Saad Chedid. Buenos Aires. Paidós, 1967, 174 pp.

CARNAP, R. *Filosofía y sintaxis lógica.* Trad. de C. N. Molina. Centro de Estudios Fil. UNAM, 1963, 62 pp.

DOPP, J. *Nociones de lógica formal.* Trad. de N. Peña y P. de la Cruz. Madrid. Tecnos, 1969, 254 pp.

HASENJAEGER, G. *Conceptos y problemas de la lógica moderna.* Trad. de M. Sacristán. Barcelona. Labor, 1968, 184 pp.

HUGHES, G. E., y CRESSWELL, M. J. *Introducción a la lógica modal.* Trad. de E. Guisan Seijas. Madrid. Tecnos, 1973, 316 pp.

KNEALE, W. y M. *El desarrollo de la lógica.* Trad. de J. Muguerza. Madrid. Tecnos, 1972, 705 pp.

LORENZEN, P. *Metamatemática.* Trad. de J. Muñoz. Madrid. Tecnos, 1971, 208 pp.

ŁUKASIEWICZ, J. *Estudios de Lógica y Filosofía.* Trad. de A. Deaño. Madrid. Revista de Occidente, 1975, 143 pp.

MATES, B. *Lógica matemática elemental.* Trad. de C. García Trevijano. Madrid. Tecnos, 1974 (2.ª reimpr.), 287 pp.

MENNE, A. *Introducción a la lógica.* Trad. y Prólogo crítico de L.-E. Palacios. Madrid. Gredos, 1969, 214 pp.

PRIOR, A. N. *Historia de la Lógica.* Trad. de A. Antón, M. Requena y M. Garrido. Madrid. Tecnos, 1976, 252 pp.

QUINE, W. v. O. *Filosofía de la lógica.* Trad. de M. Sacristán. Madrid. Alianza, 1973, 187 pp.

TURING, A. M. *¿Puede pensar una máquina?* Trad. de M. Garrido y A. Antón. Departam. de Lóg. y Fil. de la Ciencia. Univ. de Valencia, 1974, 64 pp.

WIENER, N. *Cibernética.* Trad. de M. Mora Hidalgo. Madrid. Guadiana, 1971, 314 páginas.

III

DEAÑO, A. *Introducción a la lógica formal.* Madrid. Alianza Editorial, 1974, 195 pp.

FERNÁNDEZ PRIDA, J. *Una prueba algebraica de los teoremas de Skolem-Löwenheim y Gödel.* Centro de Cálculo de la Univ. de Madrid, 1973, 45 pp.

FERNÁNDEZ PRIDA, J. *Una prueba de los teoremas de Gödel y Rosser.* Centro de Cálculo de la Universidad de Madrid. Separata Boletín, marzo de 1973, número 22, 14 pp.

FERRATER MORA, J., y LEBLANC, H. *Lógica matemática.* Méjico. FCE, 1955, 227 pp.

FREIRE, P. M. *Lógica Matemática.* Madrid. Biblioteca Matemática, 1975, 176 pp.

GARRIDO, M. *Lógica simbólica.* Madrid. Tecnos, 1974, 373 pp.

GRANELL, M. *Lógica.* Madrid. Revista de Occidente, 1949, 478 pp.

MOSTERIN, J. *Lógica de primer orden.* Barcelona. Ariel, 1970, 140 pp.

MOSTERIN, J. *Teoría axiomática de conjuntos.* Barcelona. Ariel, 1971, 266 pp.

MUÑOZ DELGADO, V. *Lógica matemática y lógica filosófica.* Madrid. «Estudios», 1958, 288 pp.

PALACIOS, L.-E. *Filosofía del Saber.* Madrid. Gredos, 1964 (2.ª ed.), 454 pp.

SACRISTÁN LUZÓN, M. *Introducción a la lógica y al análisis formal.* Barcelona. Ariel, 1964, 316 pp.

La revista «Teorema», publicada a partir de marzo de 1971 por el Departamento de Lógica y Filosofía de la Ciencia, de la Universidad de Valencia, recoge un valioso material de trabajo en este campo.